序

　　延續「歐姆龍 Sysmac NJ 基礎應用－符合 IEC61131-3 語法編程」一書，台灣歐姆龍再接再勵，精益求精繼續推出「歐姆龍 Sysmac NJ 運動控制應用－符合 EtherCAT 通訊架構」，這不僅是 NJ 系統中的精髓，也是最精華之處，更是能夠充份達到整合與應用運動控制的最佳境地，也期望本書能為業界帶來更具效率的參考價值，並注入嶄新的生產力與強化企業的競爭力。

　　NJ Motion 運動控制機能模組（簡稱為「MC 機能模組」）係指內建於 CPU 模組中的軟體機能模組。而 NJ Motion 應用中的 MC 機能模組能透過 CPU 模組所內建的 EtherCAT 通訊埠，可控制多達 64 軸伺服機構。並藉由與 EtherCAT 所連接的伺服驅動器進行周期性通訊，充份實現高速且高精確度所必要的機械控制。MC 機能模組的運動控制指令係依據 PLCopen 標準所制定的運動控制用功能區塊（簡稱為 FB），除了單軸的 PTP 定位進行補間控制、電子凸輪等的同步控制外，還能進行速度控制及扭力控制，並依據標準的指令進行編程作業。另外，每次啟動運動控制指令時，能設定速度、加速度、減速度及急動度（Jerk），因此，能夠實現彈性化的應用進行運動控制。

上述說明在在充份表現 NJ Motion 運動控制絕佳優異表現，更是台灣歐姆龍公司期望藉由 NJ 系列商品，為台灣自動化產業作出卓越貢獻，並經由業界應用與認同，為台灣整體自動化生產，展現台灣歐姆龍公司無與倫比的企業價值與信賴度，並充份落實與實踐 OMRON 創始人 立石一真的企業理念－發揮挑戰的精神、創造社會需求與尊重人性。積極分享 NJ 系列商品相關技術與應用，也期盼來自業界的支持與指教，讓台灣歐姆龍公司日益求精，持續為台灣自動化業界貢獻心力。

本書中所刊載的電路配置、接線方法及程式等為一般的代表性範例。

使用前，請先詳讀相關組成產品的操作說明書或使用手冊，並確認規格、性能及安全性等。

又，操作產品時之所有相關安全事項，以使用說明書上所刊載的內容為優先。

目次

第1章　特色和系統組成 1

1-1 特色 2
1-2 規格 3
　1-2-1 性能規格 3
　1-2-2 機能規格 3
1-3 運動控制系統的組成 6
1-4 運動控制系統的原理 8
　1-4-1 CPU模組的工作(TASK)設定 8
　1-4-2 工作(TASK)的基本動作 9
　1-4-3 工作(TASK)周期 11
1-5 與EtherCAT通訊的關係 12
　1-5-1 CAN application protocol over EtherCAT (CoE) 12
　1-5-2 EtherCAT主機能與運動控制機能模組的關係 13
　1-5-3 程序資料通訊周期和模組控制周期的關係 14

第2章　初始設定和試運轉 15

2-1 機台組成 16
　2-1-1 機台全景 16
　2-1-2 控制器部分 16
　2-1-3 應用部 17
2-2 配線 18
　2-2-1 控制器部分 18
　2-2-2 應用部 18
2-3 G5系列AC伺服驅動器 19
　2-3-1 概要 19
　2-3-2 特色 19
2-4 Sysmac Studio 21
　2-4-1 概要 21
　2-4-2 特色 21
2-5 專案屬性的設定 23
2-6 EtherCAT網路組成的建立 25
2-7 EtherCAT馬達驅動器的設定 27
　2-7-1 何謂EtherCAT馬達驅動器的設定 27
　2-7-2 軸0的參數設定 27
　2-7-3 進行絕對值編碼器的設定(對象機種：G5系列) 30
2-8 模組組成的建立 32
2-9 運動控制參數 33
　2-9-1 何謂運動控制參數設定 33
　2-9-2 軸的設定 33
2-10 CPU模組的狀態 37
2-11 MC試運轉 38
　2-11-1 軸0（輸送帶）................................... 38
　2-11-2 軸1的MC試運轉(四角板) 41
　2-11-3 關於軸2的MC試運轉(虛擬軸) 43

第3章　變數 45

3-1　變數的規格 46
3-1-1　概要 46
3-1-2　變數的種類 46
3-2　運動控制系統變數 48
3-2-1　運動控制系統變數的概要 48
3-2-2　運動控制系統變數的架構 49
3-3　全局變數的登錄 50
3-3-1　何謂全局變數 50
3-3-2　登錄內容 50
3-3-3　登錄方法 51
3-3-4　全局變數的匯出 51
3-4　確認人機上的變數 52
3-4-1　人機的通訊設定 52
3-4-2　人機的畫面 52
3-4-3　人機的變數表 53
3-4-4　NJ 的 CPU 模組內部的軟體構成 53
3-4-5　人機上的警報確認 53
3-5　NS 系列顯示器的故障排除(參考) 54

第4章　基本運轉 57

4-1　錯誤復歸 58
4-1-1　動作 58
4-1-2　指令語和 ST 的確認方法 58
4-1-3　解除控制器異常 58
4-1-4　解除軸的異常 59
4-2　伺服 ON 61
4-2-1　概要 61
4-2-2　變數 61
4-2-3　動作 61
4-2-4　程式 62
4-3　JOG(點動) 63
4-3-1　概要 63
4-3-2　變數 63
4-3-3　動作 64
4-3-4　程式 64
4-4　軸的強制停止 65
4-4-1　機能說明 65
4-4-2　變數 65
4-4-3　動作 66
4-4-4　程式 67
4-5　原點決定 68
4-5-1　原點返回 68
4-5-2　絕對編碼器原點設定 68
4-5-3　高速原點返回 68
4-5-4　動作 68
4-5-5　程式 69

第5章　單軸位置控制 73

5-1　動作概要 74
5-2　相對定位 75
5-3　模擬機能 76
　5-3-1　何謂數據追蹤 76
　5-3-2　數據追蹤的啟動 76
　5-3-3　3D 動作追蹤顯示 76
　5-3-4　2D 的數據追蹤 81
5-4　EtherCAT 驅動的調整(參考) 84
　5-4-1　執行自動校準(對象機種：G5 系列) 84
　5-4-2　Node1 (軸 0)的調整 84
　5-4-3　Node2 (軸 1)的調整 85

第6章　單軸同步控制 87

6-1　建立主軸 88
　6-1-1　動作 88
　6-1-2　程式 88
6-2　同步控制的概要 89
6-3　齒輪動作 90
　6-3-1　概要 90
　6-3-2　動作 90
　6-3-3　MC_GearIn (齒輪動作開始)指令的加減速度 91
　6-3-4　程式 92
6-4　位置指定齒輪動作 93
　6-4-1　概要 93
　6-4-2　動作 94
　6-4-3　計算加減速的速度輪廓 95
　6-4-4　程式 96
6-5　凸輪動作 97
　6-5-1　概要 97
　6-5-2　動作 97
　6-5-3　飛剪設備 98
　6-5-4　凸輪動作的機構 99
　6-5-5　機構 100
　6-5-6　用凸輪編輯器建立凸輪 103
　6-5-7　程式 107
　6-5-8　關於 MC_CamIn 108
6-6　梯形凸輪動作 109
　6-6-1　概要 109
　6-6-2　動作 109
　6-6-3　動作圖 109
　6-6-4　程式 110
　6-6-5　MC_MoveLink (梯形凸輪)指令的 FB 變數 111

第7章　周期同步定位 113

7-1　機能說明 114
7-2　演練內容 115
　　7-2-1　動作概要 115
　　7-2-1　虛擬主軸的動作 115
　　7-2-2　函數的建立 115
　　7-2-3　動作 118
7-3　程式的建立 119
　　7-3-1　虛擬主軸的速度控制 119
　　7-3-2　同步目標位置演算 120
　　7-3-3　絕對定位和循環同步定位 121
　　7-3-4　追蹤(新增演練) 122

第8章　多軸協調控制 125

8-1　機能說明 126
8-2　軸組 127
　　8-2-1　何謂軸組設定 127
　　8-2-2　軸組設定的操作步驟 127
　　8-2-3　軸的設定 128
8-3　直線補間 129
8-4　圓弧補間 130
8-5　程式的建立 131
　　8-5-1　軸組有效/無效 131
　　8-5-2　軸組有效 132
　　8-5-3　減速停止和軸組無效 133
　　8-5-4　線性插補和圓弧插補 134
　　8-5-5　多軸協調控制的運動控制指令之多重啟動(緩衝模式) . . . 135
　　8-5-6　過渡模式 139
　　8-5-7　用在線ST設定 142
　　8-5-8　除錯程式 143
8-6　藉由3D動作追蹤進行模擬動作 145
　　8-6-1　根據數據追蹤設定建立數據追蹤1。 145
　　8-6-2　進行數據追蹤。 146
　　8-6-3　實際進行運轉,用3D動作追蹤進行確認 147

第9章　範　例 149

9-1　直線補間 150
9-2　電子凸輪功能 159
9-3　抑制震動控制 164

附錄　伺服控制基本知識 167

附錄-1　伺服馬達 168
附錄-2　位置控制方式 170
附錄-3　旋轉編碼器 171
附錄-4　剛性 173
附錄-5　系統定義變數 174

第
1
章

特色和系統組成

針對運動控制機能模組的特色和系統組成、原理進行說明。

1-1 特色.. 2
1-2 規格.. 3
　1-2-1 性能規格 3
　1-2-2 機能規格 3
1-3 運動控制系統的組成.. 6
1-4 運動控制系統的原理.. 8
　1-4-1 CPU 模組的工作(TASK)設定.. 8
　1-4-2 工作(TASK)的基本動作 9
　1-4-3 工作(TASK)周期 11
1-5 與 EtherCAT 通訊的關係... 12
　1-5-1 CAN application protocol over EtherCAT (CoE) 12
　1-5-2 EtherCAT 主機能與運動控制機能模組的關係......................... 13
　1-5-3 程序資料通訊周期和模組控制周期的關係 14

1-1 特色

運動控制機能模組(以下有時簡稱為「MC 機能模組」)係指內建於 CPU 模組中的軟體機能模組。
MC 機能模組能透過 CPU 模組所內建的 EtherCAT 埠,最多可控制 64 軸。
藉由與 EtherCAT 埠所連接的伺服驅動器進行的周期通訊,能夠實現高速且高精確度所必要的機械控制。

根據 PLCopen 的運動控制指令
MC 機能模組的運動控制指令係依據 PLCopen 標準化下的運動控制用功能區塊。(以下可能簡稱為 FB。)
除了從單軸的 PTP 定位進行補間控制、電子凸輪等的同步控制外,還能進行速度控制及扭力控制,並依據標準的指令進行編程作業。
另外,每次啟動運動控制指令時,能設定速度、加速度、減速度及急動度(Jerk),因此能有彈性的根據應用內容進行運動控制。

📖 參考

- **何謂 PLCopen**
  PLCopen 係在歐洲設有總部的 IEC 61131-3 的傳播團體,也是全球資訊網的會員組織。
  PLCopen 將運動控制用功能區塊標準化,藉由 IEC 61131-3 (JISB 3503)規格的語言定義程式界面。

1-2 規格

1-2-1 性能規格

實習的機種以**粗體字**表示。

規格項目		規 格				
		NJ501-1500	NJ501-1400	NJ501-1300	NJ301-1200	NJ301-1100
控制軸數量	控制軸最多數量	64 軸	32 軸	16 軸	8 軸	**4 軸**
	單軸控制最多數量	最大 64 軸	最大 32 軸	最大 16 軸	最大 8 軸	**最大 4 軸**
	線性插補控制最多軸數量	**平均 1 軸組為 4 軸**				
	圓弧插補控制軸數量	**平均 1 軸組為 2 軸**				
軸組最大數量		32 組				
超載		0.00、0.01 ~ 500.00%				
運動控制周期		與 EtherCAT 通訊的程序資料通訊周期相同				
凸輪	凸輪資料點數 平均 1 凸輪表的最多點數	65,535 點				
	全部凸輪表的最多點數	1,048,560 點			262,140 點	
	凸輪表最多表數量	640 張表			160 張表	

1-2-2 機能規格

以下將說明與 OMRON 製的控制機器連接時的機能。

在本書中,實施的機能以**粗體字**表示。

機能項目		內 容
控制對象伺服驅動器		OMRON 製伺服驅動器 G5 系列 (內建 EtherCAT 通訊型) [1]
控制對象編碼器輸入終端機		OMRON 製 EtherCAT 遠端 I/O 終端機 GX 系列 型號 GX-EC0211/EC0241 [2]
控制方式		藉由 EtherCAT 通訊發行控制指令
控制模式		**位置控制** (cyclic synchronous position) **速度控制** (cyclic synchronous velocity) 扭力控制 (cyclic synchronous torque)
單位轉換	顯示單位	脈衝、mm、μm、nm、**degree**、inch
	電子齒輪比	馬達 1 轉的脈衝數/馬達 1 轉的移動量
可管理的位置		**指令位置、回饋位置**
軸種類		**伺服軸、虛擬伺服軸**、編碼器軸、虛擬編碼器軸
位置指令		倍精度實數型 (LREAL 型) 的負數、正數、0 (指令單位[3])
速度指令		倍精度實數型 (LREAL 型) 的負數、正數、0 (指令單位/s)
加速度指令、減速度指令		倍精度實數型 (LREAL 型) 的正數、0 (指令單位/s²)
急衝度指令		倍精度實數型 (LREAL 型) 的正數、0 (指令單位/s³)

機能項目			內 容
單軸	單軸位置控制	絕對值定位	此機能可在指定絕對座標的目標位置後，進行定位
		相對值定位	此機能可自指令現在位置指定移動距離，進行定位
		中斷定尺寸定位	從外部輸入所產生的中斷輸入的位置指定移動距離，進行定位的機能
		循環同步絕對定位(*)	此機能能夠以位置控制模式，在每控制周期輸出指令位置
	單軸速度控制	速度控制	此機能能夠以位置控制模式進行速度控制
		循環同步速度控制	此機能能夠以速度控制模式，在每控制周期輸出速度指令
	單軸扭力控制	扭力控制	對馬達進行扭力控制的機能
	單軸同步控制	凸輪動作開始	此機能可使用指定的凸輪表，讓凸輪開始動作
		凸輪動作解除	此機能可輸入參數，並結束指定軸的凸輪動作
		齒輪動作開始	此機能可設定主軸和從軸間的齒輪比，並進行齒輪動作
		位置指定齒輪動作	此機能可用來設定與主軸和從軸間的齒輪比同步的位置，並進行齒輪動作
		齒輪動作解除	此機能將會中止執行中的齒輪動作以及位置指定齒輪的動作
		梯形凸輪	此機能將與指定主軸同步以進行定位
		主軸相對值相位補正	進行同步控制中的主軸相位補正之機能
		加減算定位	把加上或減去2軸指令位置的值作為指令位置而輸出之機能
	單軸手動操作	可運轉	此機能可將伺服驅動器的狀態切換為伺服啟動(ON)狀態，進行軸動作。
		點動	此機能可依照指定目標速度，進行點動
	單軸控制輔助	軸錯誤復歸	解除軸異常
		原點返回	此機能可啟動馬達，使用界限訊號、原點近旁訊號、原點訊號以決定機械原點
		指定參數原點返回(*)	此機能可指定原點返回參數，啟動馬達，使用界限訊號、原點近旁訊號、原點訊號以決定機械原點
		高速原點返回	把絕對座標的「0」作為目標位置，進行定位，並返回原點
		強制停止	此機能可讓軸減速停止
		立即停止	此機能可讓軸立即停止
		設定超載值	此機能可變更軸的目標速度
		變更現在位置	將軸的指令現在位置和回饋現在位置變更為任意值之機能
		外部閉鎖有效	此機能可藉由產生觸發來記錄軸位置
		外部閉鎖無效	此可能可使執行中的閉鎖無效
		區域監視	此機能可判定軸的指令位置或回饋現在位置是否存在於指定範圍(區域)內
		軸間偏差監視	此機能可監視指定的2軸的指令位置或回饋位置的差份是否未超出容許值
		偏差計數重置	此機能可將指令現在位置和回饋現在位置間的偏差設定為零
		扭力限制	此機能可進行伺服驅動器的扭力限制機能的有效/無效的切換和扭力限制值的設定，藉此限制輸出扭力
軸組	多軸協調控制	絕對值線性插補	此機能可指定絕對位置，進行線性插補運算
		相對值線性插補	此機能可指定相對位置，進行線性插補運算
		2軸圓弧插補	此機能可進行2軸的圓弧插補
		軸組循環同步絕對位置控制(*)	此機能能夠以位置控制模式，在每控制周期輸出指令位置

機能項目			內　容
軸組（續）	多軸協調控制輔助	軸組錯誤復歸	解除軸組及軸異常的機能
		軸組有效	使軸組有效
		軸組無效	使軸組無效
		軸組組成軸寫入（*）	此機能可暫時重寫軸組參數的[組成軸]
		軸組強制停止	此機能可讓插補動作中的所有軸減速停止
		軸組立即停止	此機能可讓插補動作中的所有軸立即停止
		設定軸組超載值	此機能可變更插補動作中之合成目標的速度
		取得軸組位置（*）	此機能可取得軸組的指令現在位置和回饋現在位置
共通	凸輪*4	凸輪表屬性更新	以輸入參數更新指定的凸輪表的終點指數的機能
		凸輪表儲存	以輸入參數將指定的凸輪表儲存於內建 CPU 模組的非揮發性記憶體的機能
	參數	MC 設定寫入	暫時重寫軸參數及軸組參數的一部分的機能
輔助機能	計數模式		能選擇線性模式（有限長度）或旋轉模式（無限長度）
	單位轉換		可將各軸的顯示單位配合機械進行設定
	加減速控制	自動加減速控制	以急衝度設定軸或軸組動作時的加減速曲線的機能（梯形曲線、S 字型曲線）
		加減速度變更	即使加減速動作中也能變更加減速度的機能
	到位檢查		為檢查定位完成，設定到位寬度和到位檢查時間的機能
	選擇停止方法		當立即停止輸入訊號和界限輸入訊號有效時，設定停止方法的機能
	重新啟動運動控制指令		變更執行中的運動控制指令的輸入變數後，重新啟動，藉此在動作中變更目標值的機能
	運動控制指令的多重啟動（緩衝模式）		動作中，啟動另一運動控制指令時，指定執行開始時點和動作間的速度之連接方法
	軸組動作的連續動作（過渡模式）		藉由軸組動作的多重啟動來指定連續動作方法的機能
	監視機能	軟體限度	監視軸動作範圍的機能
		位置偏差	對每軸監視指令現在值和回饋現在值間的位置偏差之機能
		速度/加減速度/扭力插補速度/插補加減速度	對每軸及每軸組設定及監視警告值的機能
	支援絕對值編碼器		使用 OMRON 製 G5 系列附絕對值編碼器馬達，藉此電源投入時不需原點返回的機能*5
外部 I/F 訊號			能使用伺服驅動器側的下列輸入訊號 原點訊號、原點近旁訊號、正方向界限訊號、負方向界限訊號、立即停止訊號、中斷輸入訊號

*1. 建議模組版本為 Ver. 2.1 以後，如是線性馬達型的伺服驅動器，則為 Ver. 1.1 以後。

*2. 建議模組版本為 Ver. 1.1 以後。

*3. 轉換為脈衝單位的值能設定在附符號的整數型 40 位元範圍。

*4. 凸輪輪廓曲線能以 Sysmac Studio 的凸輪編輯器進行建立。指定主軸的相位和從軸的位移。能在每區間變更相位間隔寬度。在使用者程式中，能重寫凸輪資料。

*5. 如是 G5 系列線性馬達型，則能於使用絕對值型的外部纜線時使用。

（註）附有（*）記號的項目是以 CPU 模組升級版新增的機能。

1-3 運動控制系統的組成

由伺服器所建構控制系統一般是採用半閉迴路方式來控制馬達動作。半閉迴路方式是藉由安裝於馬達的編碼器檢測出馬達對指令值的旋轉量。將該旋轉量作為機械的移動量，並進行回饋。算出指令值與馬達實際旋轉量的偏差，在偏差為「0」的情況下進行控制的方法。

在使用 MC 機能模組的機器組成中，關於來自 CPU 模組的使用者程式的指令，並未使用回饋資訊。在伺服驅動器內建構回饋系統。

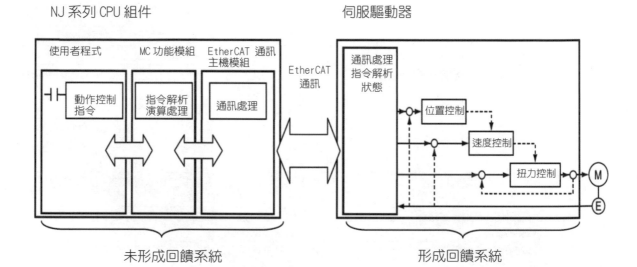

如用使用者程式啟動運動控制指令，MC 機能模組就能解析指令。

- MC 機能模組是依據指令的解析結果，在每一定周期執行動作演算，對伺服驅動器產生指令值。所產生的指令值為目標位置、目標速度、目標扭力。
- 在 EtherCAT 通訊的程序資料每一通訊周期，藉由 PDO 通訊傳送所產生的指令值。
- 伺服驅動器依照 EtherCAT 通訊的程序資料每通訊周期的指令值，執行位置迴路控制、速度迴路控制、扭力迴路控制。
- 編碼器的現在值或伺服驅動器的狀態於 EtherCAT 通訊的程序資料每通訊周期傳送給 CPU 模組。

參考

- 運動控制運算和 EtherCAT 通訊的程序資料通訊為相同的周期。
- MC 機能模組是以有內建位置控制迴路、速度控制迴路、扭力控制迴路的伺服驅動器為對象。
- 伺服方塊圖

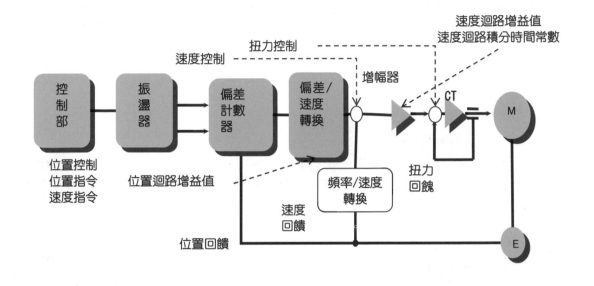

1-4 運動控制系統的原理

以下，說明 CPU 模組的工作(TASK)設定和運動控制的關係。

1-4-1 CPU 模組的工作(TASK)設定

工作(TASK)係指使用者程式等擁有處理執行條件和順序的屬性。

NJ 系列 CPU 模組可設定以下的工作(TASK)內容。

工作(TASK)的種類	工作(TASK)名
工作(TASK)是在 固定周期下執行程式	主要固定周期工作(TASK)
	固定周期工作(TASK)(執行優先度 16、17、18)

使用者程式及工作(TASK)的詳細設定方法請參照『📖 NJ 系列 CPU 模組使用者手冊軟體篇(SBCA-359)』。

工作(TASK)的種類和優先度

NJ 系列 CPU 模組可用單一工作(TASK)或多重工作(TASK)執行使用者程式。工作(TASK)有執行優先度，執行優先度較高的工作(TASK)優先執行。如在執行某工作(TASK)中，另一執行優先度較高的工作(TASK)的執行條件成立時，執行優先度較高的工作(TASK)仍優先執行。

下表為 NJ 系列　能以 CPU 模組使用運動控制指令的工作(TASK)種類和優先度。

工作(TASK)的種類	工作數	優先度	動 作
主 要 固 定 周 期 工 作 (TASK)	1 個	4 (固定)	在設定的工作周期下，執行 I/O 更新、使用者程式和運動控制。工作(TASK)的執行優先度最高，能快速、高精確度執行，因此適合同步控制或高速應答所必要的控制。如用單一工作(TASK)執行所有控制，則使用主要固定周期工作(TASK)。
固定周期工作(TASK)	0～1 個	16[*1]	於設定的工作周期下，執行 I/O 更新和使用者程式。主要固定周期工作(TASK)多餘的周期，執行使用者程式時才使用固定周期工作(TASK)。例如，需要同步控制或高速應答的控制分割為主要固定周期工作(TASK)，裝置整體的控制則配分給固定周期工作(TASK)。

*1. CPU 模組有執行優先度 17 及 18 的固定周期工作(TASK)。但這些工作(TASK)無法使用運動控制指令。另外，不執行 I/O 更新。

✍ **使用注意事項**

- 運動控制指令能以主要固定周期工作(TASK)和執行優先度為 16 的固定周期工作(TASK)使用。
- 如以上述以外的工作(TASK)使用運動控制指令，則在 Sysmac Studio 編譯時會出現異常。

1-4-2 工作(TASK)的基本動作

· 工作(TASK)整體的動作

主要固定周期工作(TASK)和固定周期工作(TASK)是依據主要固定周期工作(TASK)的工作周期
(以下簡稱「主要固定周期」)進行動作。

主要固定周期工作(TASK)中，除執行 I/0 更新、使用者程式外，包含與系統共通處理、運動控制。
使用者程式所記述運動控制指令，在該工作(TASK)的 END 指令後，以下一運動控制(MC)的時機執
行運算。

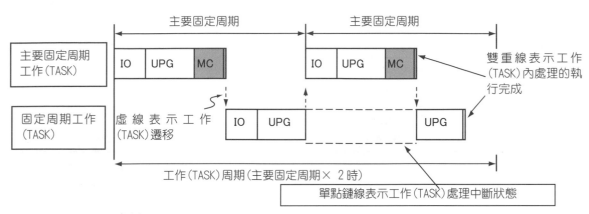

· IO：I/0 更新
· UPG：執行使用者程式
· MC：運動控制

□ 主要固定周期工作(TASK)的動作

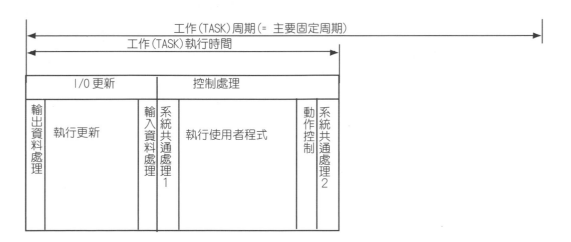

處理	處理內容
輸出資料處理	· 對已執行 I/O 更新的 I/O（輸出），產生 OUT 更新資料。 · 如設定強制值更新，則在 OUT 更新資料中反映強制值（輸出）。
執行更新	· 執行與 I/O 的資料交換
輸入資料處理	· 採取已執行 I/O 更新的 I/O（輸入）模組，擷取 IN 更新資料。 · 如設定強制值更新，則將強制值（輸入）反映於所擷取的 IN 更新資料。
系統共通處理 1	· 變數的更新處理（參照工作(TASK)時） · 運動控制輸入處理 · 資料跟蹤處理（取樣、觸發判定）
執行使用者程式	· 依分配順序執行工作(TASK)所分配的使用者程式
運動控制	· 根據使用者程式的運動控制指令執行運動控制指令。 · 運動控制輸出處理
系統共通處理 2	· 變數的更新處理（更新工作(TASK)時） · 變數存取處理

□ 執行優先度 16 的固定周期工作(TASK)動作

　執行優先度 16 的固定周期工作(TASK)能執行 I/O 更新。

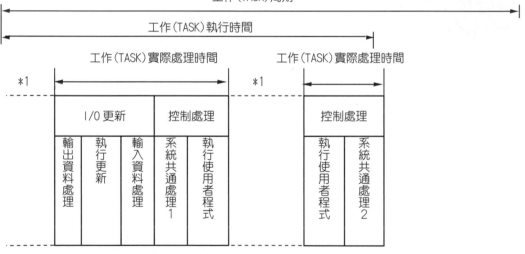

*1 執行優先度較高的工作(TASK)時，會暫時中斷此工作(TASK)執行。

1-4-3 工作(TASK)周期

主要固定周期工作(TASK)的工作周期,也就是基本的周期。

另外,主要固定周期自動地成為運動控制周期(= EtherCAT 通訊的程序資料通訊周期)。

固定周期工作(TASK)與主要固定周期同步執行。請將固定周期工作(TASK)的工作周期設定主要固定周期的整數倍。

例如,將主要固定周期設定為 1 ms,將執行優先度 16 的定周期工作(TASK)的工作周期設定為 4 ms。此時,在主要固定周期 4 次對 1 次的比例下,使主要固定周期工作(TASK)和固定周期工作(TASK)的周期前端一致。

下表為主要固定周期工作(TASK)和固定周期工作(TASK)的周期可能的組合。

主要固定周期	可設定固定周期工作(TASK)的工作周期
500μs	1ms、2ms、3ms、4ms、5ms、8ms、10ms、15ms、20ms、25ms、30ms、40ms、50ms、60ms、75ms、100ms
1ms	1ms、2ms、3ms、4ms、5ms、8ms、10ms、15ms、20ms、25ms、30ms、40ms、50ms、60ms、75ms、100ms
2ms	2ms、4ms、8ms、10ms、20ms、30ms、40ms、50ms、60ms、100ms
4ms	4ms、8ms、20ms、40ms、60ms、100ms

1-5 與EtherCAT通訊的關係

1-5-1 CAN application protocol over EtherCAT (CoE)

MC機能模組透過CPU模組內建的EtherCAT主機能模組的PDO通訊,控制伺服驅動器及計數器。在此將針對EtherCAT通訊,說明具備關項目。

對於與 EtherCAT 上的子機之資訊交換,MC 機能模組使用 CAN application protocolover EtherCAT (CoE)協定。

在 CoE 上,各種子機具備的參數或控制資訊係依據被稱為對象目錄(OD)的資料規格而規定。

為了在控制器/通訊主機和子機間將這些資料進行資訊傳輸,有兩種方法,以固定周期進行即時資訊交換的程序資料對象(Process Data Objects: PDO)和以任意時機進行資訊傳達的服務資料對象(Service Data Objects: SDO)。

在 MC 機能模組上,如伺服馬達的位置控制等,採固定的控制周期對進行輸出入資料更新的指令係使用PDO通訊。

與此不同,如參數傳送等在指定的時機下進行讀取/寫入資料的指令,則係使用SDO通訊。

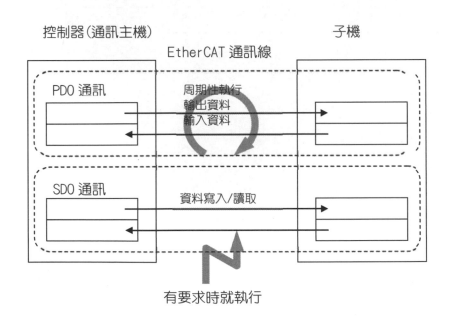

1-5-2 EtherCAT 主機能與運動控制機能模組的關係

在 NJ 系列在 CPU 模組上，連接 EtherCAT 子機後，可進行程序控制及運動控制。

① 程序控制

- 在 EtherCAT 編輯畫面下建立 EtherCAT 架構後，則能自動產生構成子機的「I/O 埠」。
- 可執行運動控制指令以外的指令之程序控制。

② 運動控制

- 在 EtherCAT 編輯畫面下建立 EtherCAT 架構後，則能自動產生構成子機的「I/O 埠」。
- 以運動控制設定視圖建立軸變數，並分配作為運動控制對象的 EtherCAT 子機。
- 以運動控制指令執行運動控制。

能分配於軸變數的 EtherCAT 子機為伺服驅動器與編碼器輸入端子兩種。

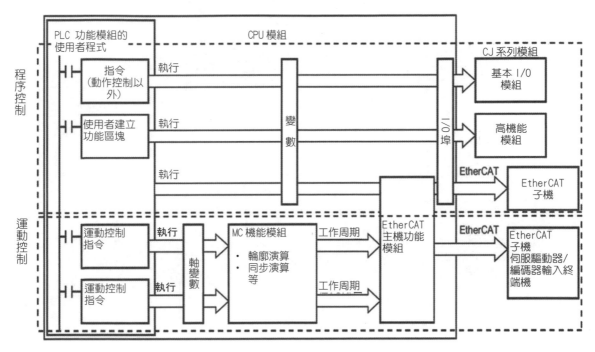

參考

- 在運動控制指令以外的指令上，無法對分配於軸變數的 EtherCAT 子機以 PDO 通訊直接下指令。
  但可透過軸　變數以間接方式參照狀態。
- 藉由 SDO 通訊的使用，便可讀寫分配於軸變數的 EtherCAT 子機對象。
  但關於與 PDO 通訊正匹配的對象，請勿以 SDO 通訊寫入。寫入時的動作取決於子機的規格。
  如為 OMRON 製　子機，將成為 SDO 通訊異常。
- 如未將 EtherCAT 子機的伺服驅動器及編碼器輸入端子分配於軸變數，則請與泛用 EtherCAT
  子機同樣地執行程序控制。

1-5-3 程序資料通訊周期和模組控制周期的關係

PLC 基本機能模組啟動使用者程式上的運動控制指令，運動控制指令對運動控制機能模組發行。依據此模組控制指令，運動控制機能模組進行運動演算，對 EtherCAT 上的伺服驅動器，發出演算結果指令。

這些的資料交換是用以下的周期進行更新。

「主要固定周期」 = 「運動控制周期」 = 「EtherCAT 通訊的程序資料通訊周期」

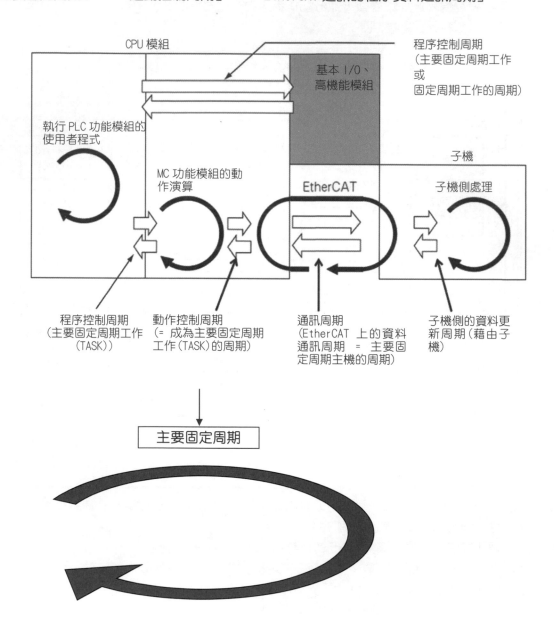

第2章

初始設定和試運轉

進行各機器的配線及參數的初始設定。

2-1 機台組成 16
　2-1-1 機台全景 16
　2-1-2 控制器部分 16
　2-1-3 應用部 17
2-2 配線 18
　2-2-1 控制器部分 18
　2-2-2 應用部 18
2-3 G5 系列 AC 伺服驅動器 19
　2-3-1 概要 19
　2-3-2 特色 19
2-4 Sysmac Studio 21
　2-4-1 概要 21
　2-4-2 特色 21
2-5 專案屬性的設定 23
2-6 EtherCAT 網路組成的建立 25
2-7 EtherCAT 馬達驅動器的設定 27
　2-7-1 何謂 EtherCAT 馬達驅動器的設定 27
　2-7-2 軸 0 的參數設定 27
　2-7-3 進行絕對值編碼器的設定(對象機種：G5 系列) 30
2-8 模組組成的建立 32
2-9 運動控制參數 33
　2-9-1 何謂運動控制參數設定 33
　2-9-2 軸的設定 33
2-10 CPU 模組的狀態 37
2-11 MC 試運轉 38
　2-11-1 軸 0（輸送帶） 38
　2-11-2 軸 1 的 MC 試運轉(四角板) 41
　2-11-3 關於軸 2 的 MC 試運轉(虛擬軸) 43

2-1 機台組成

2-1-1 機台全景

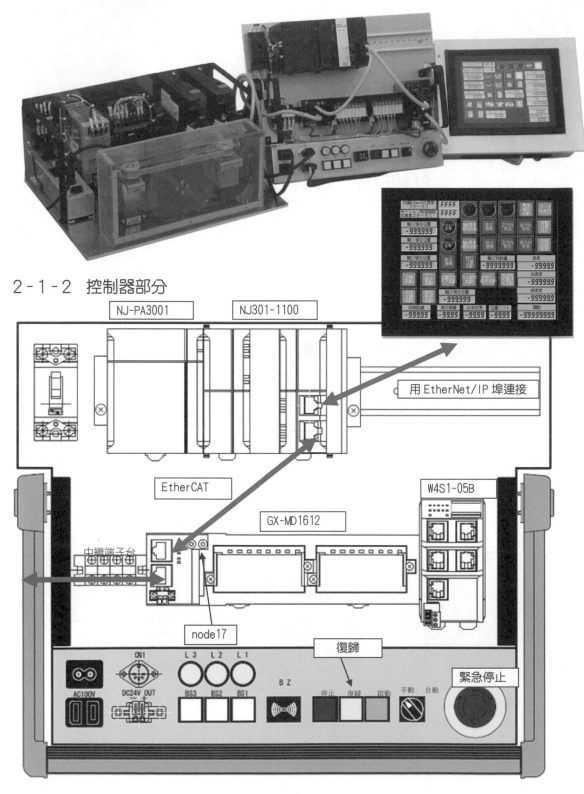

2-1-2 控制器部分

NJ-PA3001　　NJ301-1100

用 EtherNet/IP 埠連接

EtherCAT

W4S1-05B

GX-MD1612

中繼端子台

node17

復歸

CN1　　L3　L2　L1

AC100V　DC24V OUT　BS3 BS2 BS1　　BZ　　停止 復歸 啟動　手動　自動　　緊急停止

2-1-3 應用部

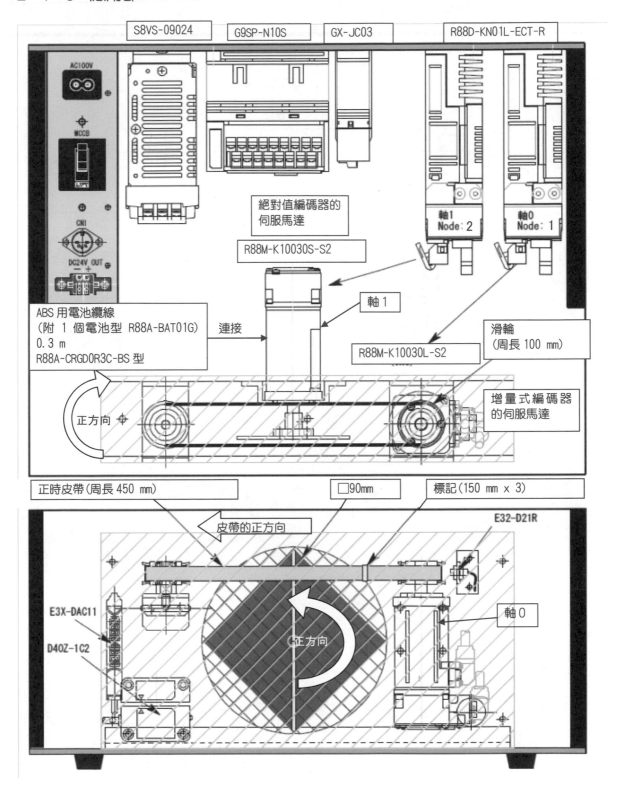

S8VS-09024   G9SP-N10S   GX-JC03   R88D-KN01L-ECT-R

AC100V

MCCB

CN1

DC24V OUT

絕對值編碼器的伺服馬達

R88M-K10030S-S2

軸1 Node：2

軸0 Node：1

軸 1

ABS 用電池纜線
（附 1 個電池型 R88A-BAT01G）
0.3 m
R88A-CRGD0R3C-BS 型

連接

R88M-K10030L-S2

滑輪
（周長 100 mm）

增量式編碼器的伺服馬達

正方向

正時皮帶（周長 450 mm）   □90mm   標記（150 mm x 3）

皮帶的正方向

E32-D21R

E3X-DAC11

D40Z-1C2

正方向

軸 0

2-2 配線

在此針對含安全元件在內的配線進行說明。

2-2-1 控制器部分

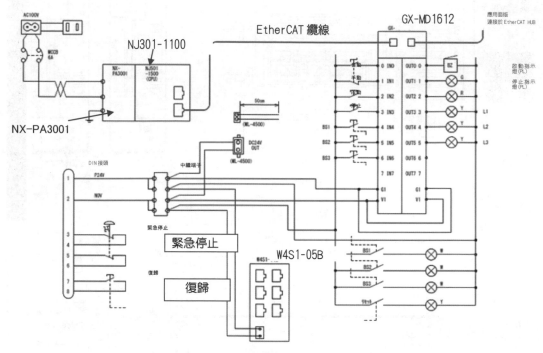

2-2-2 應用部

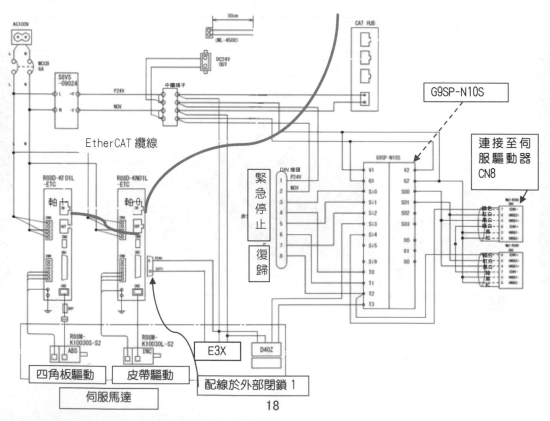

2-3　G5 系列 AC 伺服驅動器

2-3-1　概要

G5 系列 AC 伺服驅動器(內建 EtherCAT 通訊型)是一套可支援 100 Mbps 的 EtherCAT 之 G5 系列伺服驅動器裝置。

結合了機械自動控制器 NJ 系列(型 NJ301-1□00)或支援 EtherCAT 的位置控制模組(型號 CJ1W-NC□8□),是一套能夠以高速實現高度位置控制之系統。

此外,伺服驅動器和控制器間只要 1 條通訊纜線,在省配線下可簡單地實現位置控制。

若進一步使用即時自動調整機能、適應性濾波器機能、陷波濾波器機能、減振控制機能,能抑制剛性較低的機械振動,建構出穩定動作的系統。

2-3-2　特色

(1) 統一規格後,最佳機能和操作性

Sysmac 裝置中的 G5 系列 AC 伺服驅動器(內建 EtherCAT 通訊型)在結合以 NJ 系列為主的機械自動化控制器及自動軟體 Sysmac Studio 後,被設計成能實現最佳的機能和操作性。

＊ Sysmac 裝置係以統一的通訊規格及使用者界面規格所設計而成,類如 EtherCAT 子機等 OMRON 控制機器之總稱。

(2) 藉由 EtherCAT 通訊傳送資料

組合機械自動化控制器 NJ 系列(型 NJ301-1□00)或支援 EtherCAT 的位置控制模組(型號 CJ1W-NC□8□),藉此伺服驅動器和控制器間的所有控制資訊,能藉由高速的資料通訊進行交換。

各種控制指令用資料通訊進行傳送,不受限於編碼器回饋脈衝的應答頻率等界面規格,能使伺服馬達發揮最大限度的性能。

另外,由於能在上階控制器側處理伺服驅動器的各種控制參數及監視資訊,因此系統的資訊管理能統一化。

(3) 支援 400V,提升設備機器的效率

由於支援 400V,因此能支援大型的機器及海外的設備等更廣泛的用途及環境。由於設備機器的使用率也提升,因此有助於降低 TCO (Total Cost of Ownership)。

重視安全設計,搭載安全扭力關閉(STO)機能

藉由來自緊急停止按鈕等安全機器的訊號,可將馬達的電流切斷,使馬達停止。無外部接頭,能作為符合安全規格的緊急停止電路使用。另外,即使在扭力關閉狀態下,控制電路也能監視馬達的現在值,因此重新啟動時不用原點返回。

(4) 即使剛性較低的機構也能抑制加減速時的振動

　由於配備減振控制機能，因此在使用剛性較低的機構或裝置前端之振動機構時，能減低振動。由於配備 2 個減振濾波器，因此可藉由旋轉方向自動切換振動頻率，並可藉由外部訊號進行切換。此外，藉由只要振動頻率和濾波器值的簡單設定，即使設定值不適當也不會變為不穩定的動作。

(5) 全閉迴路控制，可實現高精確度的定位

　藉由來自連接於負載的外部光學尺的回饋，進行正確的位置控制，因此能進行不受因滾珠螺桿誤差或溫度所造成的位置變動影響的控制。

準備操作，請完成以下動作：

・請開啟 NJ 和伺服驅動器的電源。

・電腦起動後，再開啟 Sysmac Studio。

2-4 Sysmac Studio

2-4-1 概要

Sysmac Studio 係為了以 NJ 系列為主的機械自動控制器、以及 EtherCAT 子機等的設定、編程作業、除錯、維修作業,而提供統合開發環境的軟體。能無縫地設定視覺辨識系統、伺服驅動器、變頻器、I/O 等,並能進行監視及調整。

2-4-2 特色

(1) 彈性的開發環境

Sysmac Studio 能提供採用變數的編程作業環境。

不必藉由位址來識別儲存空間。因此,不再需要如先前般,需等待硬體定義儲存空間(位址)決定後才能開始設計軟體,能夠獨立、並同時開發硬體和軟體的設計。

另外,使用程式、功能區塊、功能等的 POU 組件(程式組成單位),藉此能設計不取決於系統的程式,且能提高程式的再使用性。

(2) 可讓多數人進行編程作業的開發環境

Sysmac Studio 可藉由變數及 POU 組件提供編程作業環境。

使用 POU 組件(程式、功能區塊、功能)設計程式,並將該程式分配給工作(TASK),藉此能定義執行順序。藉此便能減低程式間的相互依賴性,讓多數人進行編程作業變得更為容易。

在任何時間點下也能設定與硬體相關的變數或程式間共有的相關資訊等。

(3) 簡單操作性

Sysmac Studio 儘可能不限定設計的步驟,無論從哪個部分都能開始設計。另外,設計作業的流程程度清晰明瞭,不阻礙操作程序的適當指南,以淺顯易懂的操作方法之概念進行設計。

藉此,除了提供舒適的操作性外,即使設定錯誤或操作錯誤也有能馬上進行修正,不會造成重大事故,在最後確定前容許自由的設計與寬廣之操作性。並且,在組合以 NJ 系列為主的機械自動化控制器及支援 Sysmac 協定的 EtherCAT 子機等之 Sysmac 裝置中,設計成能實現最佳的機能、操作性。

(4) 豐富的除錯機能

Sysmac Studio 除提供連線的現在值變更、程式變更等程序控制器的除錯所需要的機能外,還提供了運動控制器的除錯機能,藉由跟蹤結果的 2D 顯示、3D 顯示及虛擬裝置上的跟蹤顯示、運動控制器的模擬機能,能夠提供更趨近實際裝置示意的除錯機能。

此外,支援使用視覺感測器的視覺系統的模擬除錯。視覺編輯下,則能實施視覺感測器單體的模擬,若是標準編輯,則能進一步實施與控制器組合的統合模擬。

⑸維護/修理機能

　　Sysmac Studio 能藉由控制器狀態以一覽表確認控制器的狀態。另外，控制器的異常藉由故障排除機能，能簡單確認異常的詳細、措施、對策。

　　此外，還能將使用者所定義的異常作為使用者異常，與控制器異常同樣地進行分配。

⑹強化 IEC61131-3 語言

　　Sysmac Studio 係依據國際標準化的 IEC61131-3，導入由階梯圖/ST 語言、及程式、功能區塊、功能所組成的 POU 基準的編程作業，藉此提供先進編程作業環境。

2-5 專案屬性的設定

📑 參考

・電腦的網路設定如下：

也可用 USB 連接，電腦使用 Ethernet 連接時，備好網路線，

從 NJ 的 Ethernet/IP 埠連接於集線器 W4S1-05B 後，再連接於電腦。

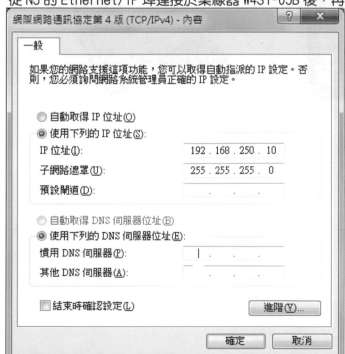

與 NJ 的通訊設定如下：[控制器]→[通訊設定]→Ethernet-HUB。

・電腦與 NS8 與 NJ 的連接示意圖如下：

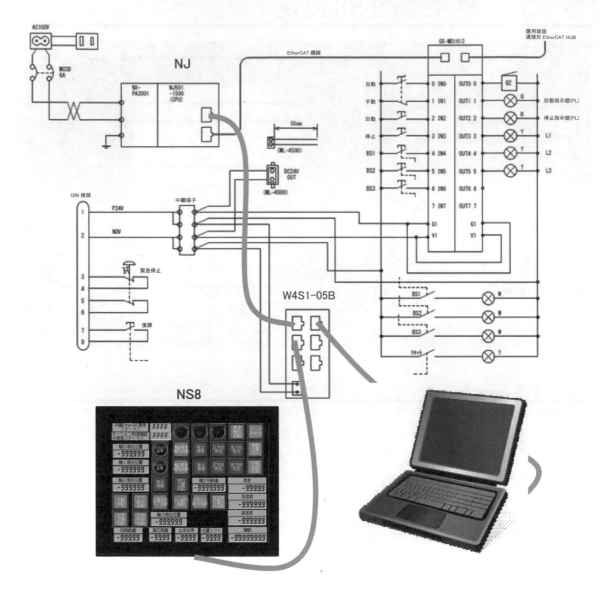

關於器材之 Ethernet/IP 位址設定如下所示。

NJ：192・168・250・1

NS：192・168・250・2

2-6 EtherCAT 網路組成的建立

建立 EtherCAT 網路組成的方法有以連線進行的方法和以離線進行的方法兩種。此次係以連線建立 EtherCAT 網路組成。

這是根據實際模組構成自動建構 Sysmac Studio 上的構成之操作步驟。

在連線狀態下,雙點選[設定和安裝]→[EtherCAT]。

在網路組成編輯視窗的主設備上,用右鍵點選,選擇[與物理網路設定比較和合併]。點選[套用物理網路設定]鈕,合併於實際模組組成後。最後按下關閉退出。

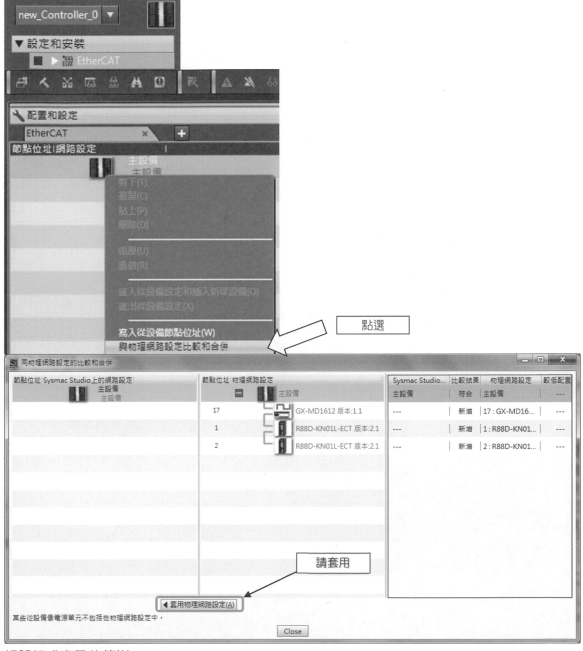

網路組成資訊的傳送

網路組成資訊傳送時,需使用同步機能。

(1)在連線狀態下，選擇[控制器] | [同步]。

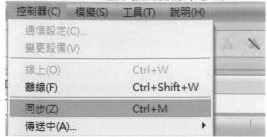

顯示同步視窗。

(2)用同步視窗，點選[傳送到控制器]按鈕。

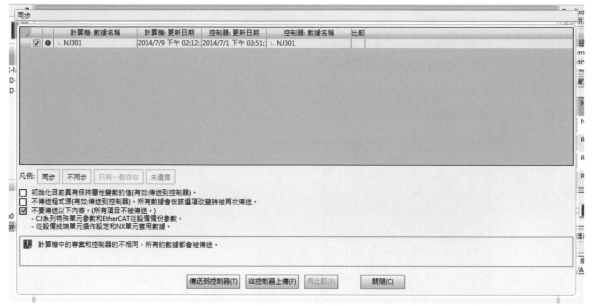

從 Sysmac Studio 對控制器傳送網路組成資訊。

2-7 EtherCAT 馬達驅動器的設定

2-7-1 何謂 EtherCAT 馬達驅動器的設定

係指進行 OMRON 伺服驅動器的設定及進行監視的機能。從 EtherCAT 組成編輯畫面選擇對象驅動器，並加以執行。

配合機台，設定伺服驅動器的參數。

對象 EtherCAT 馬達驅動器

藉由本機能能進行以下的驅動器設定及設定監視器。

驅動器種類	EtherCAT 表示	子機型式
G5 系列	R88D-KN□-ECT	R88D-KN□-ECT 型(Ver. 1.0 以上)
3G3MX2 系列	3G3AX-MX2-ECT	3G3MX2-□型(Ver. 1.0 以上)

2-7-2 軸 0 的參數設定

(1) 請在伺服驅動器上，用右鍵點選，設定為連線，編輯參數後進行傳送。傳送後，請設定為離線。

▼ 設定和安裝
- ■ ▼ 器 EtherCAT
- ■ ▶ ━ 節點17 : GX-MD1612 (E001)
- ■ ▼ ◎ 節點1 : R88D-KN01L-ECT (E002) :運轉模式
- ■ ∟ ◎ 參數
- ■ ▶ ◎ 節點2 : R88D-KN01L-ECT (E003) :離線

以下設定後，壓[傳送[電腦 → 驅動器]]進行傳送。請在軸 1 也傳送後，重新啟動電源。

(2) 設定偏差計數器超出等級

將偏差計數器超出等級設定於 1M。

由於編碼器的解析度非常高，因此能防止偏差計數器超出。

曰 ● CiA 402驅動曲線				
	● Pn735	605B.00	關閉選項代碼	-1: 動態煞車操作//動態煞車操作
	● Pn736	605C.00	禁用操作選項代碼	-1: 動態煞車操作//動態煞車操作
	● Pn737	605D.00	停止選項代碼	1: 在減速曲線(6084h)中指定的...
	● Pn738	605E.00	故障反映選項代碼	-1: 動態煞車操作//動態煞車操作
▶	Pn739	6065.00	偏差視窗	1000000

(3) 基本參數的設定

⊞ ●	CiA 402驅動曲線			
⊟ ●	Pn0xx: 基本參數			
●	Pn000	3000.00	旋轉方向切換	0: 正向命令設定電機旋轉方向為順時針方向旋轉。
●	Pn001	3001.00	控制模式選取	0: 開關控制
●	Pn002	3002.00	實時自動調整模式選取	4: 摩擦力補償和垂直軸
●	Pn003	3003.00	實時自動調整機械剛...	20

這次的機械剛性設定較低，只要提升速度，就可能造成偏差計數器超出。

📓 參考

即時自動調整

即時推測機械的負載慣性，根據其結果自動設定增益，使機械動作。如同時讓自適應性濾波器有效下使其動作，則也能降低共振或振動。

即時自動調整會進行速度迴路的 PI 控制調整，因此無論哪種控制都為有效。

即時自動調整模式選擇

設定值	即時自動調整	說明
0	無效	即時自動調整無效。
1	穩定性優先	不進行不平衡負載或摩擦補償，也不切換增益。
2	位置控制優先	使用於在水平軸等無不平衡負載，且摩擦也較小的滾珠螺桿驅動等時。
3	垂直軸	使用於在垂直軸等有不平衡負載時。
4	摩擦力補償和垂直軸	使用於在垂直軸等有不平衡負載，且摩擦較大時。在摩擦較大的皮帶驅動軸等，抑制定位穩定時間的偏差。
5	負載特性評估	僅進行負載特性的推測。
6	自訂	以即時自動調整客製化模式設定(3632h)詳細設定即時自動調整的機能，藉此能客製化。

即時自動調整時的機械剛性選擇

機械組成及驅動方式	即時自動調整時的 機械剛性選擇(3003h)
直接連結滾珠螺桿	12 ~ 24
滾珠螺桿 + 正時皮帶	8 ~ 20
正時皮帶	4 ~ 16
齒輪、齒條及小齒輪	4 ~ 16
其他低剛性的機械	1 ~ 8
堆疊式起重機	請手動調整。

(4) 自適應濾波器的設定

	Pn2xx: 振動抑制參數			
	Pn200	3200.00	自適應濾波器選取	2: 兩個自適應濾波器有效。與陷波濾波器3和4相關的物件自動升級。

參考

自適應濾波器

在實際動作狀態下，根據出現於馬達速度的振動因素推測共振頻率，並依據內部扭力指令除去共振因素，並自動設定陷波濾波器，藉此減低共振點振動。自動設定的陷波濾波器頻率設定於第 3 陷波（3207h~ 3209h）及第 4 陷波（3210h~3212h）。

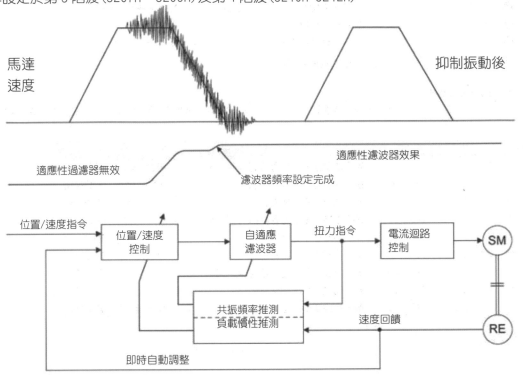

(5) I/F 監視設定參數的設定

		Pn4xx: I/F監視設定參數		
	Pn400.0	3400.00	輸入信號選取1(位置控制/全閉控制)	0: 無效(無效) - 常開接點
	Pn400.1	3400.00	輸入信號選取1(速度控制)	0: 無效(無效) - 常開接點
	Pn400.2	3400.00	輸入信號選取1(扭矩控制)	0: 無效(無效) - 常開接點
	Pn401.0	3401.00	輸入信號選取2(位置控制/全閉控制)	0: 無效(無效) - 常開接點
	Pn401.1	3401.00	輸入信號選取2(速度控制)	0: 無效(無效) - 常開接點
	Pn401.2	3401.00	輸入信號選取2(扭矩控制)	0: 無效(無效) - 常開接點
	Pn402.0	3402.00	輸入信號選取3(位置控制/全閉控制)	0: 無效(無效) - 常開接點
	Pn402.1	3402.00	輸入信號選取3(速度控制)	0: 無效(無效) - 常開接點
	Pn402.2	3402.00	輸入信號選取3(扭矩控制)	0: 無效(無效) - 常開接點

接腳編號 5：泛用輸入 1（IN1）－「立即停止輸入(STOP)」
接腳編號 7：泛用輸入 2（IN2）－「正轉側驅動禁止輸入(POT)」
接腳編號 8：泛用輸入 3（IN3）－「逆轉側驅動禁止輸入(NOT)」
未配線，因此全部無效。

軸 1 的參數設定

▼ 設定和安裝
　■　▼ 🔲 EtherCAT
　■　　▶ ▭ 節點17 : GX-MD1612 (E001)
　■　　▼ ◎ 節點1 : R88D-KN01L-ECT (E002) :離線
　■　　　└ ◎ 參數
　■　　▼ ◎ 節點2 : R88D-KN01L-ECT (E003) :運轉模式
　■　　　└ ◎ 參數

	Pn0xx: 基本參數			
●	Pn000	3000.00	旋轉方向切換	1: 正向命令設定電機旋轉方向為逆時…
●	Pn001	3001.00	控制模式選取	0: 關關控制
●	Pn002	3002.00	實時自動調整模式…	1: 穩定性優先(預設設定)
●	Pn003	3003.00	實時自動調整機械…	15

	Pn2xx: 振動抑制參數			
●	Pn200	3200.00	自適應濾波器選取	2: 兩個自適應濾波器有效。與陷波濾波器3和4相關的物件自動升級。

		Pn4xx: I/F監視設定參數			
●	Pn400.0	3400.00	輸入信號選取1(位置控制/全閉控制)	0: 無效(無效) - 常開接點
●	Pn400.1	3400.00	輸入信號選取1(速度控制)	0: 無效(無效) - 常開接點
●	Pn400.2	3400.00	輸入信號選取1(扭矩控制)	0: 無效(無效) - 常開接點
●	Pn401.0	3401.00	輸入信號選取2(位置控制/全閉控制)	0: 無效(無效) - 常開接點
●	Pn401.1	3401.00	輸入信號選取2(速度控制)	0: 無效(無效) - 常開接點
●	Pn401.2	3401.00	輸入信號選取2(扭矩控制)	0: 無效(無效) - 常開接點
●	Pn402.0	3402.00	輸入信號選取3(位置控制/全閉控制)	0: 無效(無效) - 常開接點
●	Pn402.1	3402.00	輸入信號選取3(速度控制)	0: 無效(無效) - 常開接點
●	Pn402.2	3402.00	輸入信號選取3(扭矩控制)	0: 無效(無效) - 常開接點

由於訊號未配線，因此全部無效。

以上傳送後，請進行離線，並將伺服驅動器的電源切斷。再開啟。

2-7-3　進行絕對值編碼器的設定(對象機種：G5 系列)

已經設定過，因此此次不需要。第一次配線時或更換馬達時，必須進行以下的設定。

進行伺服驅動器的絕對值編碼器的設定。

本機能僅在 Sysmac Studio 連線時且與驅動器連線時才能執行。

從多檢視瀏覽器的[設定和安裝]｜[EtherCAT]，用右鍵點選設定對象的子機，選擇[絕對編碼器]。

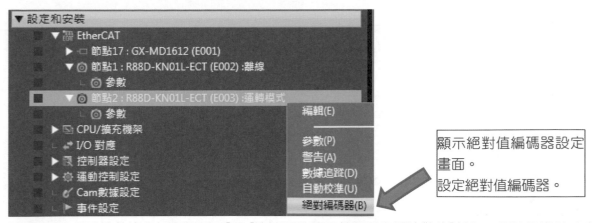

按壓[清除多回轉數據和編碼器錯誤]及[清除驅動器目前錯誤和電池警告]按鈕，解除異常並確定絕對值編碼器的數值。

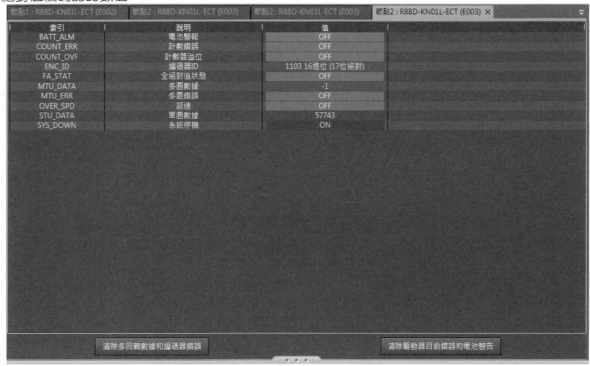

2-8 模組組成的建立

以下，說明 NJ 系列控制器的模組組成的建立。

建立模組組成的方法有以連線進行的方法和以離線進行的方法兩種。

在此以連線進行模組登錄。這是根據實際模組構成自動建構 Sysmac Studio 上的構成之操作步驟。

在連線狀態下，雙點選[設定和安裝]→[CPU/擴充機架]。在無任何模組之模組編輯器中，用右鍵點選，選擇[與實際單元設定比較和合併]。

讀取實際模組組成，與 Sysmac Studio 上的模組組成的比較的結果會顯示於[與實際單元設定比較和合併]畫面。

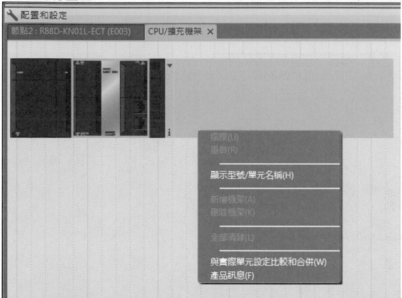

點選[實機單元設定套用]按鈕，合併於實際模組組成。

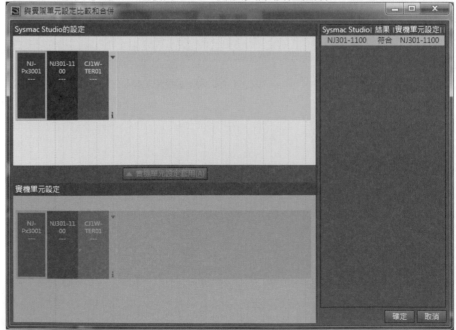

按下[OK]鍵。返回模組編輯器。

2-9 運動控制參數

離線後,配合器材,設定軸參數。

2-9-1 何謂運動控制參數設定

係指以運動指令登錄所使用軸,將會使用軸的伺服驅動器、編碼器與軸作一連結,並設定軸參數的一連串設定稱為運動控制設定。

2-9-2 軸的設定

(1) 離線後,用右鍵點選多檢視瀏覽器的[設定和安裝]→[運動控制設定]→[軸設定],從選單選擇[新增]→[軸設定]。

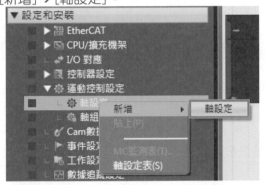

在[軸設定]的下方新增軸「MC_Axis000」。同樣地,建立 MC_Axis001、MC_Axis002。

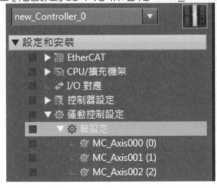

(2) 雙點選 MC_Axis000。

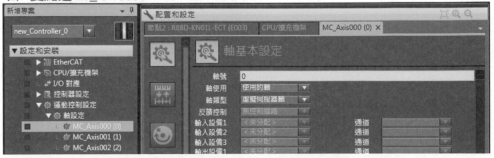

在編輯視窗的配置層顯示軸參數設定視圖。如為初始畫面,則顯示「軸基本設定」。

(3) 如使用伺服軸，則選擇以下。
　・「軸使用」：「使用的軸」
　・「軸類型」：「伺服器軸」

(4) 在輸出設備 1 中，選擇登錄的伺服軸。

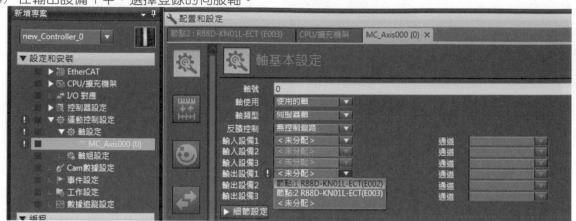

(5) 用顯示於軸參數設定視圖左端的圖示鈕，切換設定畫面。
　能用各種按鈕設定的參數如以下所述。

切換圖示鈕與軸參數的關係

圖示鈕	名稱	概要
	軸基本設定	軸的使用/未使用設定、設定軸編號、軸種類、輸入裝置、通道。
	單位換算設定	設定電子齒輪的齒輪比。馬達 1 轉的脈衝數及移動量進行設定。
	操作設定	設定速度、加速度、減速度、扭力警告值、及監視用參數。
	其他操作設定	進行伺服驅動器的 I/O 設定。
	限位設定	進行軟體限度、及位置偏差限度的設定。
	原點返回設定	進行原點返回的動作設定。
	位置計數設定	進行控制器的計數模式的設定。
	伺服驅動設定	進行伺服驅動器的參數設定。

(6)這次設定如下。為了能與主軸進行 3 軸線性插補，因此建立虛擬軸。

區分	參數名稱	MC_Axis000	MC_Axis001	MC_Axis002
軸基本設定	軸號	0	1	2
	軸使用	使用軸	使用軸	使用軸
	軸類型	伺服軸	伺服軸	虛擬伺服軸
	輸出設備 1	節點：1	節點：2	
單位換算設定	顯示單位	mm	degree	mm
	電機轉一周的指令脈衝數	1048576	131072	10000
	電機轉一周的工作行程	100	360	10
操作設定	最大速度	10000	36000	10000
	最大點進速度	10000	36000	10000
	定位範圍	0.01	0.01	0.01
	零位置範圍	0.01	0.01	0.01
原點返回設定	原點返回方法	無原點接近輸入/保持原點輸入		零位置預設
	原點輸入信號	外部原點輸入	Z 相輸入	
	原點返回速度	100	100	
	原點返回接近速度	100	100	
位置計數設定	計數模式	旋轉模式		
	模最大位置設定值	150	180	300
	模最小位置設定值	0	0	0
	編碼器類型	INC	絕對值（ABS）	INC

(7)伺服馬達的規格

①馬達性能規格

軸 0 和軸 1，最大轉數為 6000 r/min，分別設定最高速度。

型式(R88M-型)		K05030H	K10030L	K20030L	K40030L
		K05030T	K10030S	K20030S	K40030S
項　目	單　位	AC100V			
額定輸出值[*1]	W	50	100	200	400
額定扭力[*1]	Nm	0.16	0.32	0.64	1.3
額定轉數	r/min	3000			
最大轉數	r/min	6000			
瞬間最大扭力[*1]	Nm	0.48	0.95	1.91	3.8

*1 與驅動器組合，為常溫(20°C、65%)下的值。瞬間最大扭力值是理論值。

②增量式編碼器規格

軸 0 使用此編碼器。

項　目	規　格
編碼器方式	光學式編碼器 20 位元
輸出脈衝數	A、B 相：262144 脈衝/轉 驅動器和 NJ 中是此 4 倍的 1048576 脈衝/轉。 Z 相：1 脈衝/轉

③絕對值編碼器規格

軸 1 使用此編碼器。

項　目	規　格
編碼器方式	光學式編碼器 17 位元
輸出脈衝數	A、B 相：32768 脈衝/轉 驅動器和 NJ 中是此 4 倍的 131072 脈衝/轉。 Z 相：1 脈衝/轉

(7) 確認全部程式後，請連線並進行傳送。

按壓[復歸]按鈕約 2 秒，可解除伺服驅動器之安全輸入異常。

若發生異常請以故障分析確認。

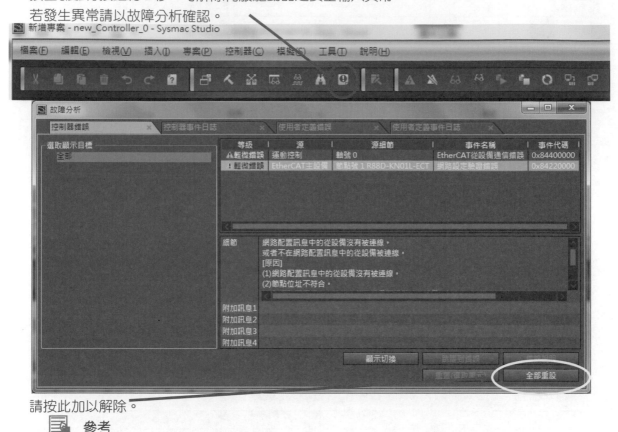

請按此加以解除。

📋 參考

以軸參數設定視圖變更的參數自動反映於軸設定表中。

* 何謂軸設定表

  軸設定表係指以表形式顯示所登錄的所有軸參數。

  與軸設定視圖相同，能編輯各軸的參數。

  啟動軸設定表

  從多檢視瀏覽器，用右鍵點選[設定和安裝]│[運動控制設定]│[軸設定]，選擇[軸設定表]。

  顯示全軸設定表。

2-10 CPU 模組的狀態

藉由電源模組及 CPU 模組前面上部的 LED（PWR LED、RUN LED、ERROR LED），能確認 CPU 模組的動作狀態。

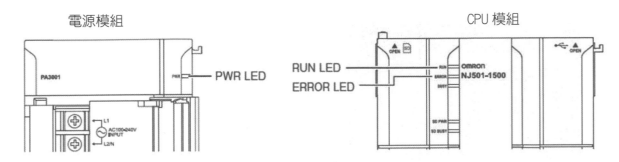

電源模組　　　　　　　　　　　　　　　　　　　　　　CPU 模組

啟動中、正常時、各異常發生時的前面 LED，使用者程式執行狀態、能否與 Sysmac Studio 的連線/與 NS 系列顯示器的通訊連接顯示狀態如下。

（○：亮燈/●：熄燈/◎：閃爍）

CPU 模組的動作狀態		電源模組	CPU 模組		使用者程式執行狀態	與 Sysmac Studio 的連線連接/與 NS 系列顯示器的通訊連接
		PWR（綠色）	RUN（綠色）	ERROR（紅色）		
啟動中		○	◎（1s 周期）	●	停止	不可
正常運轉中	運轉模式中	○	○	●	持續	可能
	程式模式中	○	●	●	停止	
CPU 模組無法運轉的異常	電源部異常	●	●	●	停止	不可
	CPU 復歸	○	●	●	停止	
	電源連接不當	○	◎（3s 周期）	○	停止	
	CPU 異常（WDT 異常）	○	●	○	停止	
CPU 模組繼續運轉的異常	全停止故障	○	●	○	停止	可能（當 EtherNet/IP 的機能正常動作時，NS 系列顯示器能通訊連接）
	部分停止故障	○	○	◎（1s 周期）	持續	
	輕度錯誤	○	○	◎（1s 周期）	持續	
	監視資訊	○	○	●	持續	

2-11 MC 試運轉

2-11-1 軸0（輸送帶）

一面讓輸送帶動作，一面確認配線，確認馬達的動作、確認電子齒輪的設定、及確認原點返回。

(1) 開始

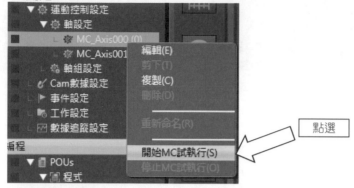

顯示警告標示。

(2) 確認後，請按 OK。

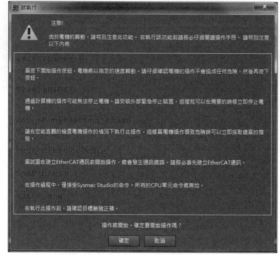

(3) 狀態監視器部分

狀態監視器中，顯示軸的各種狀態、運動異常的一覽表和其詳細資訊、對異常的措施方法。
另外，能進行運動　異常復歸、及伺服異常監視器的啟動。

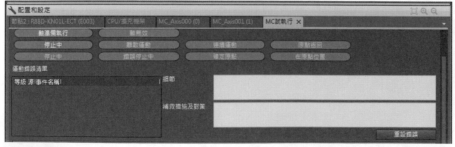

(4) 試運轉部分

試運轉中，不用程式，能用以下的各種動作模式使馬達動作。各模式能用對話框內標籤進行切換。

(5) 點動

　　　伊服 ON　後，請用點選[點動]的標籤，設定目標速度 10 mm/s 後，按下　套用　，往正方
向移動。標記往左手方向移動。

(6) 感測器訊號的監視
　　光纖感測器訊號配線於閉鎖輸入 1 訊號。確認此輸入。

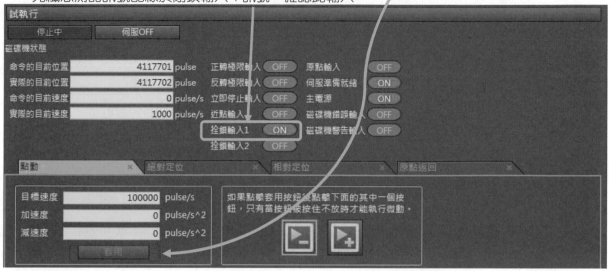

(7) 相對值定位
　　點選[相對定位]的標籤，輸入以下參數後，壓[套用]按鈕，每壓一次箭頭標籤即移動 150 mm。
皮帶標記停止在相同的位置。藉此，確認是否有參數。

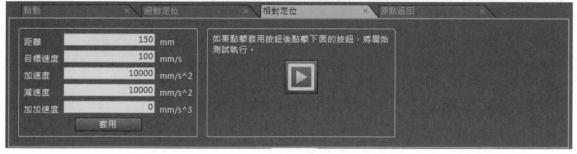

(8) 原點返回
點選此之後，將原點返回設定如下。

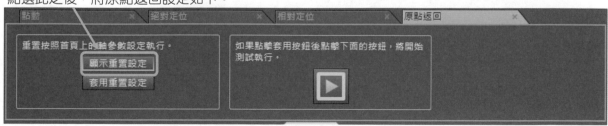

軸 0 為正時皮帶，轉 1 圈有 3 個標記訊號，伺服旋轉 4.5 圈。
因此，若設標記訊號為近傍訊號時，則無法停止於 Z 相。
這次使用光纖的標記訊號作為原點訊號。不使用近傍訊號。

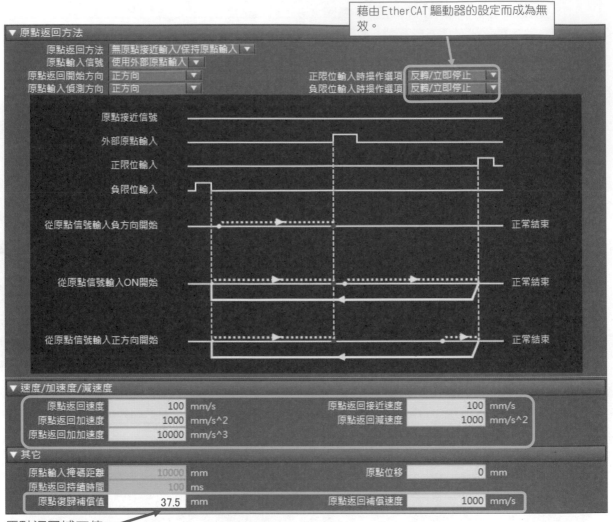

▼ 原點返回方法

原點返回方法	無原點接近輸入/保持原點輸入 ▼
原點輸入信號	使用外部原點輸入 ▼
原點返回開始方向	正方向 ▼
原點輸入偵測方向	正方向 ▼

正限位輸入時操作選項	反轉/立即停止 ▼
負限位輸入時操作選項	反轉/立即停止 ▼

原點接近信號

外部原點輸入

正限位輸入

負限位輸入

從原點信號輸入負方向開始 —— 正常結束

從原點信號輸入ON開始 —— 正常結束

從原點信號輸入正方向開始 —— 正常結束

▼ 速度/加速度/減速度

原點返回速度	100 mm/s	原點返回接近速度	100 mm/s
原點返回加速度	1000 mm/s^2	原點返回減速度	1000 mm/s^2
原點返回加加速度	10000 mm/s^3		

▼ 其它

原點輸入掩碼距離	10000 mm	原點位移	0 mm
原點返回持續時間	100 ms		
原點復歸補償值	37.5 mm	原點返回補償速度	1000 mm/s

原點返回補正值

機械原點確定後,以設定值進行相對定位,用以補正機械原點。此時的移動速度為原點返回補償速度。

原點返回補償輸入後,從光纖感測器檢測出的原點位置開始,移動原點返回補償值分停下來地方,即機械原點。

再一次點選套用重置設定後,可執行原點回歸。

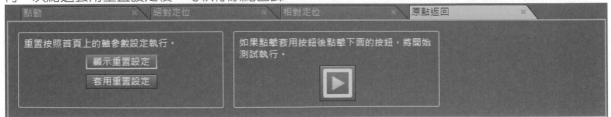

(9) 絕對位置定位

　　如下所述進行設定，定位於 75 mm 的位置。

　　這是為了要配合軸 1 的原點而使用。

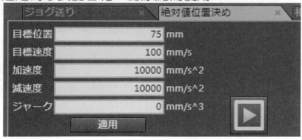

2-11-2　軸 1 的 MC 試運轉 (四角板)

(1) MC 試執行之標籤下，選擇軸 1，進行伺服 ON。

(2) 點動

　　伺服 ON 後，點選 [點動] 的標籤，設定目標速度 10 deg/s，壓 [套用] 按鈕後，往正方向移動。以逆時針方向旋轉。如方向相反，速度以 10 deg/s 無法轉動時，則軸與伺服器的參數可能不正確。

(3) 相對值定位

　　點選相對定位的標籤，輸入以下參數後，壓 [套用] 按鈕，每壓一次箭頭標籤即回轉 180 度。

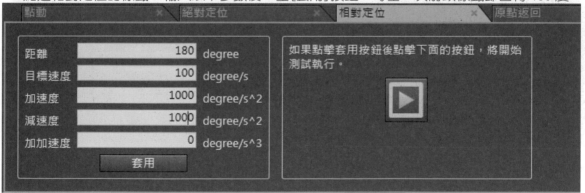

(4) 原點返回

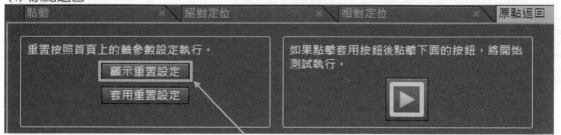

選擇 [原點返回] 標籤，再接下來點選 [顯示重置設定] 按鈕，於下面畫面中輸入以下參數。

▼ 速度/加速度/減速度

原點返回速度	100	degree/s	原點返回接近速度	100 degree/s
原點返回加速度	1000	degree/s^2	原點返回減速度	1000 degree/s^2
原點返回加加速度	10000	degree/s^3		

▼ 其它

原點輸入掩碼距離	10000	degree	原點位移	0 degree
原點返回持續時間	100	ms		
原點復歸補償值	0	degree	原點返回補償速度	1000 degree/s

軸 1(四角板)在現在狀態下，點選[套用重置設定]按鈕，之後再按壓箭頭之按鈕開始動作。此時停止之位置即未補償原點。

軸 1(四角板)因無原點近傍感測器，因此藉由 Z 相輸入來設定原點。

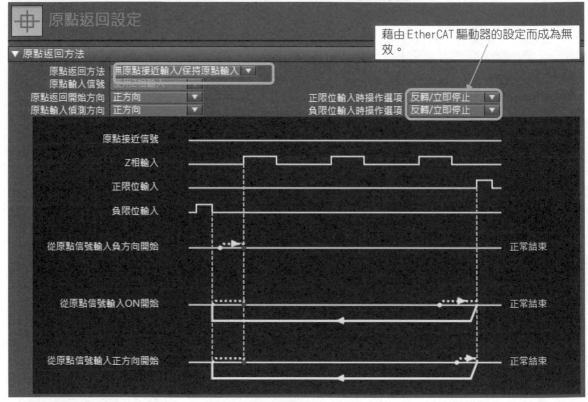

(5)調整原點。

接下來，請按壓點動的正向或反向按鈕，將四角板之黃色線與軸 0 的 75mm 的位置對齊。此時複製軸 1 之指令現在位置到以下原點復歸補償值位置。

▼ 其它

原點輸入掩碼距離	10000	degree	原點位移	90 degree
原點返回持續時間	100	ms		
原點復歸補償值		degree	原點返回補償速度	1000 degree/s

(6) 原點位置偏移

　　輸入原點復歸補償值後,按壓原點返回標籤之[顯示重置設定]之[套用]按鈕後,壓[執行]
按鈕,停止位置為 90 度(偏移值)。
　　(軸 1 黃色標記停止位置與軸 0 之黃色標記對齊)
　　原點位置偏移是在確定了機械原點後經設定原點返回補正值後,將原點設定完成的值重置。

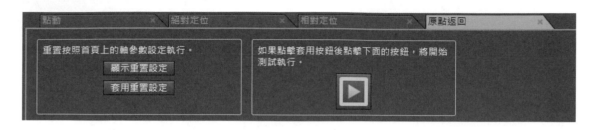

　　此軸使用了搭載絕對值編碼器的伺服馬達。因此,只要進行一次原點返回,就能確定原點,
由於用電池保持,因此不必重新進行原點返回。

(7) 絕對值定位

　　設定以下參數,壓[套用]後,壓箭頭按鈕即返回原點。
　　(軸 1 之黃色線與桌子平行)

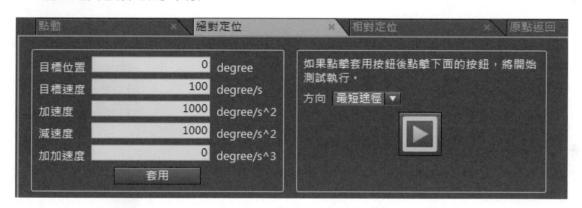

2-11-3 關於軸 2 的 MC 試運轉(虛擬軸)

虛擬軸請設定為軸 2。
由於是虛擬軸,因此不必伺服 ON。

(1) 點動
　　點選[點動]的標籤,設定目標速度 10 mm/s,往正方向移動。
　　請確認現在位置已改變。

(2) 原點返回
　　只要按原點返回,就能確定原點。

(3) 相對值定位
　　每次移動 75 mm。

備忘頁

第３章

變　數

讓人機畫面和NJ能夠交換資料及訊號。並且學習變數的結構。

3-1 變數的規格 46
　3-1-1 概要 46
　3-1-2 變數的種類 46
3-2 運動控制系統變數 48
　3-2-1 運動控制系統變數的概要 48
　3-2-2 運動控制系統變數的架構 49
3-3 全局變數的登錄 50
　3-3-1 何謂全局變數 50
　3-3-2 登錄內容 50
　3-3-3 登錄方法 51
　3-3-4 全局變數的匯出 51
3-4 確認人機上的變數 52
　3-4-1 人機的通訊設定 52
　3-4-2 人機的畫面 52
　3-4-3 人機的變數表 53
　3-4-4 NJ的CPU模組內部的軟體構成 53
　3-4-5 人機上的警報確認 53
3-5 NS系列顯示器的故障排除（參考） 54

3-1　變數的規格

NJ 系列系統能全部透過變數進行與外部的輸出入訊號的交換及資料的演算等處理。在此將針對變數的規格進行說明。

3-1-1　概要

變數係指儲存與外部交換的輸出入訊號或 POU 內部處理時的暫時資料的擺放位置。
換句話說，即為具有名稱及數據類型等屬性的資料庫。
NJ 的變數中，有以下的種類。

3-1-2　變數的種類

變數大致可分為以下三種。

(1) 使用者定義變數
　所有屬性皆由使用者所定義的變數。

(2) 候補使用者定義變數
　對特定裝置/資料用來存取的變數，能變更部分屬性。

(3) 系統定義變數
　作為 NJ 系統，事先定義名稱等所有屬性，且分配特定機能。使用者不能變更名稱等屬性。

這次實際使用以下粗字的變數。

大分類	中分類	小分類	對象機器
① 使用者定義變數			控制器內部
② 候補使用者定義變數	裝置變數	CJ 模組裝置變數	CJ 系統基本 I/O 單元 CJ 系列高機能單元
		EtherCAT 子機裝置變數	EtherCAT 子機單元
	凸輪資料變數		伺服驅動器、編碼器輸入子機、控制器內部
③ 系統定義變數	PLC 系統定義變數		控制器內部
	運動控制系統變數	MC 共通變數	伺服驅動器、編碼器輸入子機、控制器內部
		軸變數	
		軸組變數	
	EtherNet/IP 系統變數		內建 EtherNet/IP 埠
	EtherCAT 主機系統變數		內建 EtherCAT 主機埠

系統定義變數的確認方法如以下所述。

下一章將詳細說明上述運動控制系統變數。

3-2 運動控制系統變數

3-2-1 運動控制系統變數的概要

NJ 系列係依據 IEC 61131-3 規範的控制器。

NJ 系列的程式是把參數設定及狀態資訊等資料皆使用變數處理。

在這些變數中，屬於 MC 機能模組的系統定義變數稱為「運動控制系統變數」。

第 1 階層	第 2 階層	第 3 階層	內　容
系統定義變數	運動控制系統變數	MC 共通變數	能監視 MC 機能模組共通的狀態。
		軸變數	能監視各軸的狀態及部分軸參數的設定內容。
		軸組變數	能監視各軸組的狀態及部分軸組參數的設定內容。

(1) MC 共通變數

監視 MC 機能模組共通狀態的變數。變數名為「_MC_COM」。

(2) 軸變數

為處理 EtherCAT 子機的伺服驅動器或編碼器輸入端子、及虛擬的伺服驅動器和編碼器輸入端子的變數。

使用者程式就系統定義變數的變數名和利用 Sysmac Studio 建立的變數名兩方式皆可使用。

以 Sysmac Studio 建立的變數名可在各軸上變更為任意的變數名。

- 系統定義變數的變數名：_MC_AX[0] ～ _MC_AX[63]
- 用 Sysmac Studio 建立的變數名：MC_Axis000 ～ MC_Axis063（預設值）

功能區塊使用時以 Sysmac Studio 的軸基本設定畫面所建立的軸變數（預設值「MC_Axis***」）為主。

(3) 軸組變數

這是用來處理彙總多數軸的群組變數。

使用者程式就系統定義變數的變數名和用 Sysmac Studio 建立的變數名兩者皆可使用。

以 Sysmac Studio 建立之變數名可在各軸組上變更為任意的變數名。

- 系統定義變數的變數名：_MC_GRP[0] ～ _MC_GRP[31]
- 用 Sysmac Studio 建立的變數名：MC_Group000 ～ MC_Group031（預設值）

功能區塊使用時以 Sysmac Studio 的軸基本設定畫面所建立的軸組變數（預設值「MC_Group***」）

為主。

上述變數成員的詳細請參照『 NJ 系 列指令參考手冊　動作篇（SBCE-364）2-1 變數一覽表』。

3-2-2 運動控制系統變數的架構

運動控制系統變數是由顯示 MC 機能模組狀態的資訊、用 EtherCAT 通訊連接的子機機器的狀態資訊、及用來進行運動控制的 MC 參數設定的一部分所構成。

運動控制系統變數能參照使用者程式作為變數，也能用 Sysmac Studio 顯示於監視器。

運動控制系統變數在主要固定周期下進行更新。

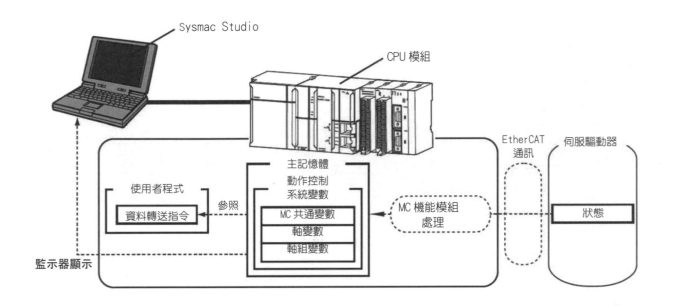

3-3-1　何謂全局變數

係指所有的 POU（程式、功能區塊、功能）皆能讀寫的變數。

3-3-2　登錄內容

將全局變數設定如下。全部是使用者定義變數。

也能藉由 EtherNet/IP 介面，與人機交換訊號或資料。此時，請將網路設定為公開。

名稱	資料類型	初始值	分配到	保持	不變	網路	備註
異常解除啟動	BOOL			FALSE	FALSE	公開	
軸 0 異常解除啟動	BOOL			FALSE	FALSE	公開	
軸 1 異常解除啟動	BOOL			FALSE	FALSE	公開	
伺服 ON 有效	BOOL			FALSE	FALSE	公開	
伺服 ON 中	BOOL			FALSE	FALSE	不公開	
軸 0 正向有效	BOOL			FALSE	FALSE	公開	
軸 0 反向有效	BOOL			FALSE	FALSE	公開	
軸 1 正向有效	BOOL			FALSE	FALSE	公開	
軸 1 反向有效	BOOL			FALSE	FALSE	公開	
軸 0 強制停止啟動	BOOL			FALSE	FALSE	公開	
軸 1 強制停止啟動	BOOL			FALSE	FALSE	公開	
軸 2 強制停止啟動	BOOL			FALSE	FALSE	公開	
軸 0 原點返回啟動	BOOL			FALSE	FALSE	公開	
軸 1 原點返回啟動	BOOL			FALSE	FALSE	公開	
軸 2 原點返回啟動	BOOL			FALSE	FALSE	公開	
單軸定位啟動	BOOL			FALSE	FALSE	公開	
速度	LREAL	1000		FALSE	FALSE	公開	
加速度	LREAL	20000		FALSE	FALSE	公開	
減速度	LREAL	20000		FALSE	FALSE	公開	
躍動	LREAL	400000		FALSE	FALSE	公開	
主軸啟動	BOOL			FALSE	FALSE	公開	
主軸動作執行中	BOOL			FALSE	FALSE	公開	
齒輪動作啟動	BOOL			FALSE	FALSE	公開	
位置指定齒輪啟動	BOOL			FALSE	FALSE	公開	
梯形凸輪動作啟動	BOOL			FALSE	FALSE	公開	
凸輪動作啟動	BOOL			FALSE	FALSE	公開	
虛擬主軸啟動	BOOL			FALSE	FALSE	公開	
虛擬主軸動作執行中	BOOL			FALSE	FALSE	公開	
同步位置控制啟動	BOOL			FALSE	FALSE	公開	
同步距離	LREAL			FALSE	FALSE	公開	
偏心距離	LREAL	42		FALSE	FALSE	公開	
比例變更	LREAL			FALSE	FALSE	公開	
位置偏移	LREAL			FALSE	FALSE	公開	
多軸協調控制啟動	BOOL			FALSE	FALSE	公開	

3-3-3　登錄方法

(1) 雙擊[編程]下的[數據]下的[全局變數]。
(2) 將全局變數登錄於全局變數表上。
(3) 這次將複製 Excel 中已作成之全局變數的區域。再用右鍵點選全局變數的區域後，再貼上。

(4) 進行同步，傳送給 NJ。

3-3-4　全局變數的匯出

(1) 此次未進行，但如以下所述，進行匯出，並貼於人機的變數表。
(2) 從 Sysmac Studio 的選單，選擇[工具] - [匯出全局變數] - [CX-Designer]。

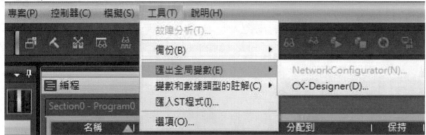

(3) 貼於 CX-Designer 的變數表。

(4) 此時，出現可選擇主機之對話框。
　　選擇可使用網路變數的主機後，點選「OK」鈕。這次的主機名為 NJ。

　　在 CX-Designer 的變數表中登錄有網路公開之變數。

3-4 確認人機上的變數

3-4-1 人機的通訊設定

設定如下。

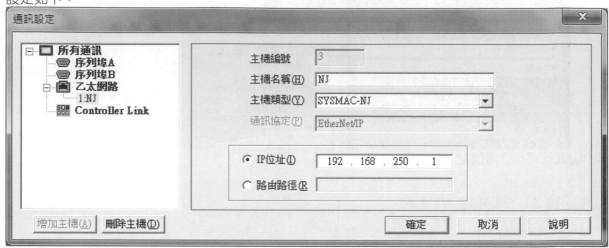

3-4-2 人機的畫面

為能與 NJ 交換，在人機上已分配有使用者定義變數和系統定義變數。

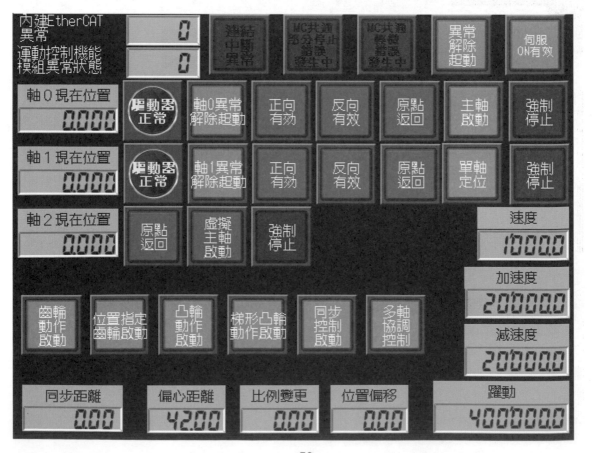

3-4-3 人機的變數表

3-3-2 章的使用者定義變數在人機中，以 NJ 為主機名稱，用來與實體 NJ 交換訊號或資料。

以下是直接分配於人機的 NJ 系統定義變數一覽表。不用程式，能直接觀察 NJ 的狀態。

主機	名稱	類型	I/O 註解	
NJ	_MC_AX[2].Details.InHome	BOOL	軸 2 原點停止	
NJ	_MC_AX[1].Details.InHome	BOOL	軸 1 原點停止	
NJ	_MC_AX[0].Details.InHome	BOOL	軸 0 原點停止	
NJ	_EC_ErrSta	WORD	內建 EtherCAT	控制機能模組的異常
NJ	_MC_ErrSta	WORD	動作	狀態
NJ	_EC_LinkOffErr	BOOL	連結中斷異常	系統定義變數
NJ	_MC_COM.MFaultLvl.Active	BOOL	MC 共通輕微錯誤發生中	
NJ	_MC_COM.PFaultLvl.Active	BOOL	MC 共通部分停止錯誤發生中	
NJ	_MC_AX[1].DrvStatus.DrvAlarm	BOOL	軸 1 驅動器異常輸入	
NJ	_MC_AX[0].DrvStatus.DrvAlarm	BOOL	軸 0 驅動器異常輸入	
NJ	_MC_AX[2].Act.Pos	LREAL	軸 2 現在位置	
NJ	_MC_AX[1].Act.Pos	LREAL	軸 1 現在位置	
NJ	_MC_AX[0].Act.Pos	LREAL	軸 0 現在位置	

3-4-4 NJ 的 CPU 模組內部的軟體構成

CPU 模組內的軟體構成如下。

這次，與運動控制機能模組及 EtherCAT 主機機能模組的異常訊號使用代碼傳送至人機。

運動控制機能模組	EtherCAT 主機機能模組	EtherNet/IP 機能模組
PLC 機能模組		
OS		

CPU 模組軟體構成，用各機能為分割的單位（「稱為機能模組」）。

在 OS 上擁有叫做「PLC 機能模組」的基本機能，基於此運作各機能模組。

各機能模組的內容如以下所述。

機能模組名	內容
PLC 機能模組	進行整體的行程管理、使用者程式的執行、與 CJ 模組(*)的界面、對各控制模組的指示、與 USB 或 SD 記憶卡的界面等。
運動控制機能模組	依照從使用者程式上的模組控制指令所分配的值(位置、速度)等指示，執行動作演算，透過 EtherCAT 主機，執行指令值輸出、狀態管理、及資訊取得。另外，對伺服驅動器而言，為輸出指令值的開迴路型的控制器。 系統定義變數_MC_ErrSta 是該模組的異常狀態。
EtherCAT 主機機能模組	作為 EtherCAT 主機，與 EtherCAT 子機進行通訊。 系統定義變數_EC_ErrSta 是該模組的異常狀態。
EtherNet/IP 機能模組	進行 EtherNet/IP 通訊。

* 係指在安裝於 CJ 系列 CPU 模組的模組中，能安裝於 NJ 系列 CPU 模組的模組群組。

3-4-5 人機上的警報確認

按下緊急停止開關。

進一步確認 3-4-3 章　顯示有人機變數表的系統定義變數。

3-5　NS 系列顯示器的故障排除(參考)

控制器所發生的異常能藉由所連接的 NS 系列顯示器之 NJ 故障排除予以確認。

故障排除能提供發生中異常的詳細資訊和因應方法。

(1) 按下緊急停止開關後,請用以下步驟確認內容。
(2) 請按人機螢幕任意兩角落。
(3) 請從特殊畫面下選擇 NJ 故障排除。
(4) 用故障排除的機能模組視圖,能確認事件發生源。
(5) 按下事件發生源的「選擇」鈕,藉此能顯示該機能模組的事件發生源詳細。選擇事件發生源詳細的欄位,藉此可顯示一覽表視圖。

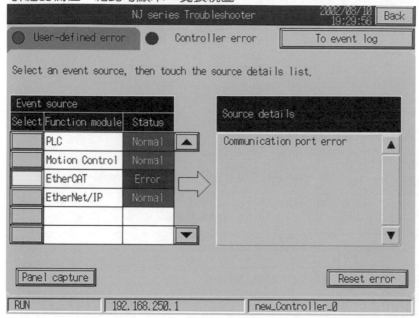

(6) 一覽表視圖中,機能模組視圖所選擇的事件發生源中,可顯示所發生的異常一覽表。

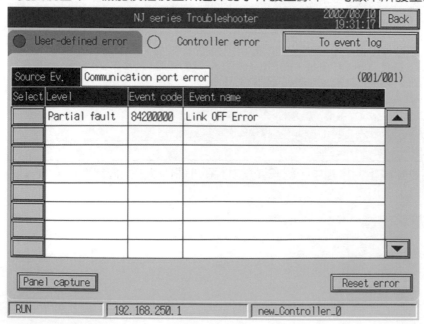

(7) 為瞭解異常的要因和因應方法,請在一覽表視圖上按下「選擇」鈕。

顯示於詳細視圖所選擇的異常要因和因應方法。

確認所顯示的異常發生要因及異常發生狀況後,依照所顯示的因應方法,進行處置作業。

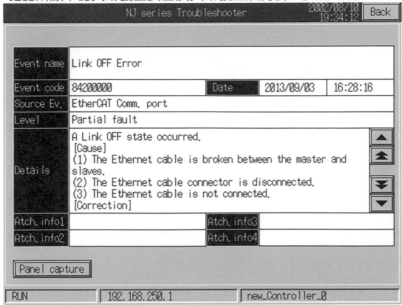

(8) 如對所發生的異常項目已經完成處置作業,則在一覽表視圖,按下「異常解除」鈕,藉此所發生的異常全部被解除。

(9) 但異常的要因並未除去的異常、或是處置後必須重新投入電源/重置控制器的異常,將會再次發生。

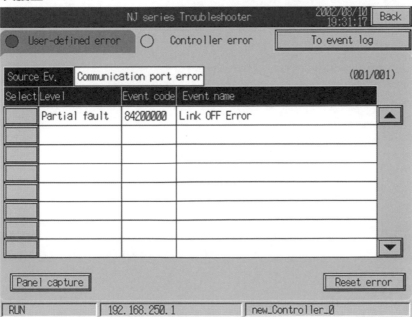

備忘頁

第
4
章

基本運轉

確認位於人機畫面中的錯誤顯示、錯誤復歸、現在位置顯示或建立有效的程式。伺服 ON 和 JOG 運轉、強制停止。進一步進行原點返回和高速原點返回。

4-1 錯誤復歸 58
   4-1-1 動作 58
   4-1-2 指令語和 ST 的確認方法 58
   4-1-3 解除控制器異常 58
   4-1-4 解除軸的異常 59
4-2 伺服 ON 61
   4-2-1 概要 61
   4-2-2 變數 61
   4-2-3 動作 61
   4-2-4 程式 62
4-3 JOG(點動) 63
   4-3-1 概要 63
   4-3-2 變數 63
   4-3-3 動作 64
   4-3-4 程式 64
4-4 軸的強制停止 65
   4-4-1 機能說明 65
   4-4-2 變數 65
   4-4-3 動作 66
   4-4-4 程式 67
4-5 原點決定 68
   4-5-1 原點返回 68
   4-5-2 絕對編碼器原點設定 68
   4-5-3 高速原點返回 68
   4-5-4 動作 68
   4-5-5 程式 69

4-1 錯誤復歸

4-1-1 動作

按下人機上的軸 0 和軸 1 之異常解除啟動開關，解除驅動器的異常。

按下異常解除啟動開關，解除 EtherCAT 主機和運動控制這兩個機能模組發生中的控制器異常。

這次，按下緊急停止開關，用復歸開關和人機上解除異常狀態。

4-1-2 指令語和 ST 的確認方法

在 Sysmac Studio 上確認如下。

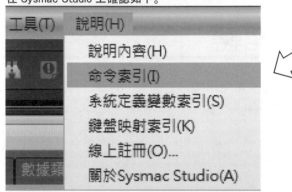

4-1-3 解除控制器異常

以 EtherCAT 主機和運動控制的機能模組所發生的控制器異常復歸用功能區塊。各式各樣異常取得則使用功能。

以下程式的紅色變數是外部變數（全局變數）。

要知道各指令語的使用詳細，只要將游標放在各指令上，按下捷徑鍵 F1 即可。

(1) 解除 EtherCAT 主局機能模組發生中的控制器異常

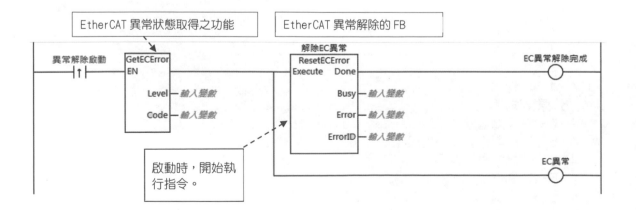

(2)解除運動控制機能模組發生中的控制器異常

　　EtherCAT 主局無異常或異常解除後，MC 異常即解除

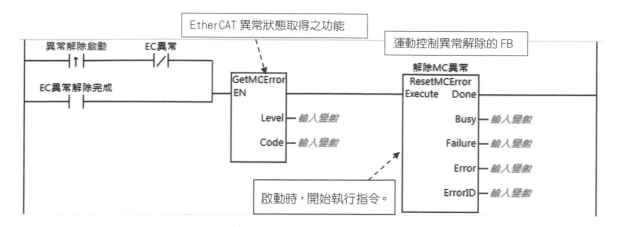

(3)ResetECError 指令使用上的注意

　　對於 OMRON 製伺服驅動器 G5 系列使用本指令的時候，不管是 ResetMCError 指令、MC_Reset 指令、或 MC_Group Reset 指令請不要同時執行，請使用指令的排他控制。本指令與上述 3 個指令如有同時執行，則 G5 系列自此可能無法接收 SDO。因此作成(1)與(2)的程式。

4-1-4　解除軸的異常

建立解除軸異常的 FB。

建立軸 0 的程式後，複製該程式，改造為軸 1 用。

　　(1)解除軸 0 的異常。

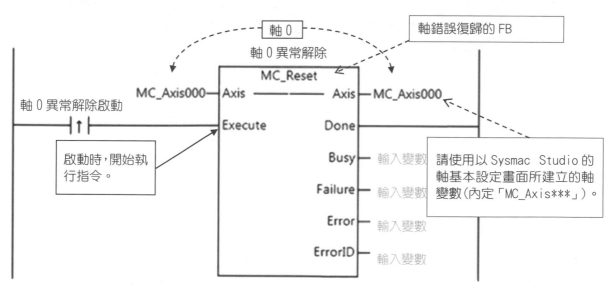

(2) 解除軸 1 的異常。

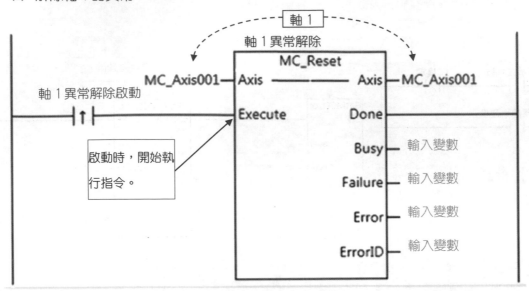

4-2 伺服 ON

4-2-1 概要

這是對伺服驅動器進行 ON/OFF 運轉指令的機能。
使用運動控制指令的 MC_Power （可運轉）指令。

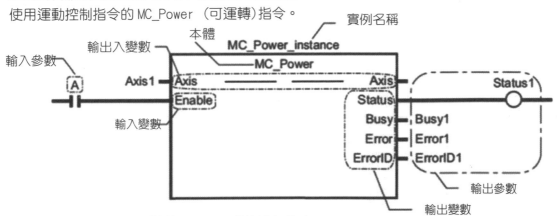

想動作的軸是以輸出入變數即 Axis （軸）進行指定。
將 MC_Power （可運轉）指令的輸入變數即 Enable （有效）設定為 TRUE，即成為伺服 ON 狀態。
將 Enable （有效）設定為 FALSE，則成為伺服 OFF 狀態。

4-2-2 變數

輸出入變數	名　稱	資料類型	有效範圍	內　　容
Axis	軸	_sAXIS_REF	－	指定軸 0 和軸 1。[*1]

*1. 請使用以 Sysmac Studio 的軸基本設定畫面所建立的軸變數（預設值「MC_Axis***」）。

輸入變數	名　稱	資料類型	有效範圍	初始值	內　　容
Enable	有效	BOOL	TRUE, FALSE	FALSE	如設定於 TRUE，則為可運轉狀態，如設定於 FALSE，則為解除可運轉狀態。

輸出變數	名　稱	資料類型	有效範圍	內　　容
Status	可運轉	BOOL	TRUE, FALSE	成為可運轉狀態時，為 TRUE。
Busy	執行中	BOOL	TRUE, FALSE	接受指令時，為 TRUE。
Error	錯誤	BOOL	TRUE, FALSE	發生異常時，為 TRUE。
ErrorID	錯誤碼	WORD	*1	發生異常時，輸出錯誤碼。16#0000 為正常。

*1. 請參照 NJ 系列 CPU 模組使用者手冊　運動控制篇「A-1　錯誤碼一覽表（P. A-2）」。

4-2-3 動作

（1）啟動人機的伺服 ON 有效，進行鎖定伺服裝置。
（2）從程式模式設定為運轉模式時，且伺服 ON 時，輸入人機的伺服 ON 訊號。
　　即使為程式模式也保持鎖定伺服裝置。
（3）驅動器錯誤輸入時，伺服 ON 訊號清除。

4-2-4 程式

(1) 伺服 ON 時，伺服 ON 有效旗標被設定(SET)。

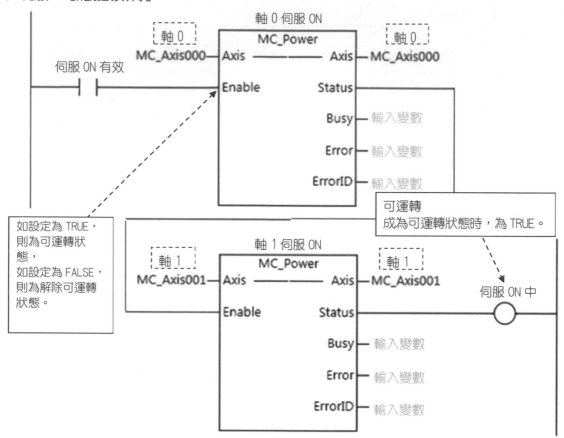

伺服 ON 中　　　　　伺服 ON 有效

SET 指令
對本指令的輸入為 TRUE 時，輸出設定
為 TRUE。

(2) 伺服 ON 訊號必須保持。

軸 0 伺服 ON

軸 0　　MC_Power　　軸 0
MC_Axis000─Axis ──────── Axis ─ MC_Axis000

伺服 ON 有效

Enable　　Status
　　　　　Busy ─ 輸入變數
　　　　　Error ─ 輸入變數
　　　　　ErrorID ─ 輸入變數

如設定為 TRUE，
則為可運轉狀
態，
如設定為 FALSE，
則為解除可運轉
狀態。

可運轉
成為可運轉狀態時，為 TRUE。

軸 1 伺服 ON

軸 1　　MC_Power　　軸 1
MC_Axis001─Axis ──────── Axis ─ MC_Axis001

Enable　　Status
　　　　　Busy ─ 輸入變數
　　　　　Error ─ 輸入變數
　　　　　ErrorID ─ 輸入變數

伺服 ON 中

(3) 驅動器錯誤輸入時，伺服 ON 訊號清除。

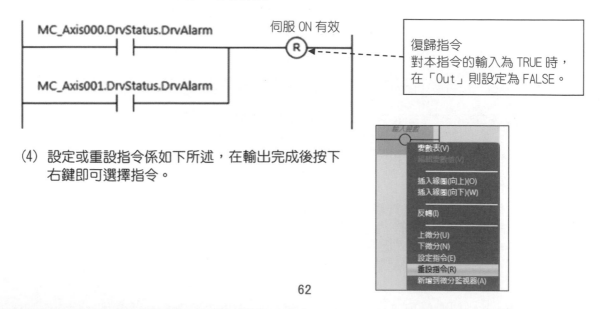

MC_Axis000.DrvStatus.DrvAlarm　　　　伺服 ON 有效

MC_Axis001.DrvStatus.DrvAlarm

復歸指令
對本指令的輸入為 TRUE 時，
在「Out」則設定為 FALSE。

(4) 設定或重設指令係如下所述，在輸出完成後按下
右鍵即可選擇指令。

輸入變數
變數表(V)
驅組變數值(V)
插入線圈(向上)(O)
插入線圈(向下)(W)
反轉(I)
上微分(U)
下微分(N)
設定指令(E)
重設指令(R)
新增到微分監視器(A)

4-3 JOG（點動）

4-3-1 概要

點動是使用運動控制指令的 MC_MoveJog 指令。

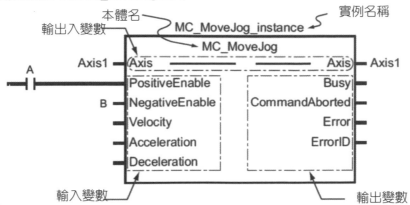

想點動的軸是在輸出入變數的 Axis（軸）中進行指定。

如將輸入變數的 PositiveEnable 設定成 TRUE，則以正向指定的 Velocity（目標速度）、Acceleration（加速度）啟動軸。如將 PositiveEnable 設定成 FALSE，則以指定的 Deceleration（減速度）進行減速，並停止。

同樣地，如將輸入變數的 NegativeEnable 設定於 TRUE，則朝反向啟動，以 FALSE 進行停止。

點動即使在原點未確定的狀態也能執行。

4-3-2 變數

輸出入變數	名　稱	資料類型	有效範圍	內　　容
Axis	軸	_sAXIS_REF	－	指定軸。[*1]

*1. 請使用以 Sysmac Studio 的軸基本設定畫面所建立的軸變數（預設值「MC_Axis***」）。

輸入變數	名　稱	資料類型	有效範圍	初始值	內　　容
PositiveEnable	正向有效	BOOL	TRUE, FALSE	FALSE	如設定於 TRUE，則開始往正向移動。如設定於 FALSE，則結束移動。
NegativeEnable	反向有效	BOOL	TRUE, FALSE	FALSE	如設定於 TRUE，則開始往反向移動。如設定於 FALSE，則結束移動。
Velocity	目標速度	LREAL	正數 或「0」	0	指定目標速度。單位為[指令單位/s]。 這次，軸 0 為 mm/sec。 這次，軸 1 為 deg/sec。
Acceleration	加速度	LREAL	正數 或「0」	0	指定加速度。 單位為[指令單位/s²]。
Deceleration	減速度	LREAL	正數 或「0」	0	指定減速度。 單位為[指令單位/s²]。[*1]

輸出變數	名　稱	資料類型	有效範圍	內　容
Busy	執行中	BOOL	TRUE, FALSE	接受指令時，為 TRUE。
CommandAborted	執行中斷	BOOL	TRUE, FALSE	指令中止時，為 TRUE。
Error	錯誤	BOOL	TRUE, FALSE	發生異常時，為 TRUE。
ErrorID	錯誤碼	WORD	*1	發生異常時，輸出錯誤碼。

4-3-3 動作

只要按下軸 0、1 的點動之正向和反向有效，則僅在按下期間移動。

軸 0 的速度為 10 mm/s，加減速度為 1000 mm/s^2。

軸 1 的速度為 10 deg/s，加減速度為 1000 deg/s^2。

4-3-4　程式

建立軸 0 的程式後，複製該程式，改造為軸 1 用。

(1) 軸 0 點動

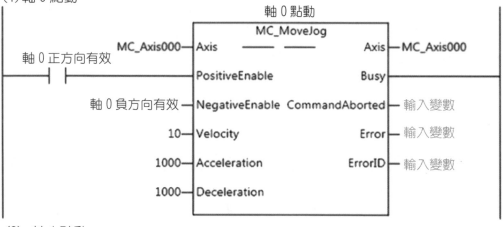

(2) 軸 1 點動

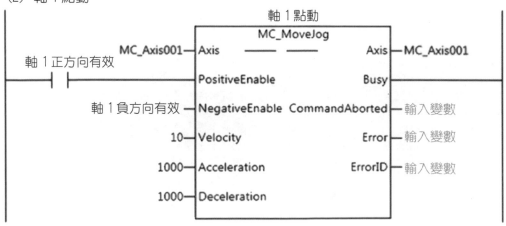

4-4 軸的強制停止

4-4-1 機能說明

- 將軸從現在速度往速度「0」進行減速控制。
- 啟動 Execute 後，開始減速停止的動作。
- 藉由 MC_Stop（強制停止）指令的啟動，動作中的指令進行 CommandAborted（執行中斷）。

4-4-2 變數

輸入變數	名 稱	資料類型	有效範圍	初始值	內 容
Execute	啟動	BOOL	TRUE, FALSE	FALSE	啟動時，開始執行指令。
Deceleration	減速度	LREAL	正數或「0」	0	指定減速度。 單位為[指令單位/s²]。*1
Jerk	急衝度	LREAL	正數或「0」	0	指定急衝量。 單位為[指令單位/s³]。*1
BufferMode	選擇緩衝模式	_eMC_BUFFER_MODE	0: _mcAborting	*2	指定動作指令多重啟動時的動作。 0：中止

*1. 關於指令單位，請參照 □ NJ 系列 CPU 模組使用者手冊運動控制篇(SBCE-363)』的「單位轉換設定」。

*2. 有效範圍為列舉型變數的初始值實際並非數值，為列舉子。

輸出變數	名 稱	資料類型	有效範圍	內 容
Done	結束	BOOL	TRUE, FALSE	指令執行完成時，為 TRUE。
Busy	執行中	BOOL	TRUE, FALSE	接受指令時，為 TRUE。
Active	控制中	BOOL	TRUE, FALSE	控制中，為 TRUE。
CommandAborted	執行中斷	BOOL	TRUE, FALSE	指令中止時，為 TRUE。
Error	錯誤	BOOL	TRUE, FALSE	發生異常時，為 TRUE。
ErrorID	錯誤碼	WORD	*1	發生異常時，輸出錯誤碼。 16#0000 為正常。

*1. □ 請參照「A-1 錯誤碼一覽表(P.A-2)」。

● JERK 是什麼

JERK 是在加速度／減速度的變化之比率下、也被稱作「躍動」或「躍度」或「加加速度」。
JERK 指定後加減速時的速度波形呈現 S 曲線。

以下為 JERK 指定後之加速控制的範例
JERK 適用區間之加速度以一定的比率下變化、指令速度呈現平滑之 S 曲線。
JERK 為「0」的區間因加速度固定、指令速度為直線狀態。

例：加速度在 25,000mm/s² 下、加速時間 0.1s、JERK 適用的時間分配為 50%時
　　JERK= 25000 ／（0.1 × 0.5 ／ 2） ＝ 1,000,000（mm/s³）

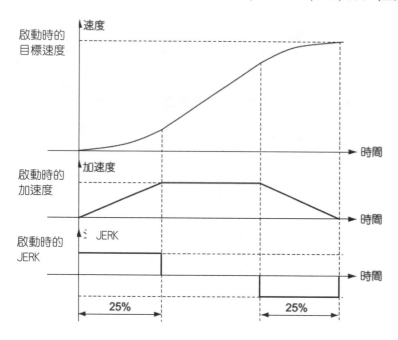

4-4-3 動作

按下軸 0 和軸 1 的強制停止開關，藉此使軸減速停止。
這次，以點動動作為有效的狀態下，按下強制停止開關，確認動作。

4-4-4 程式

建立軸 0 的程式後，複製該程式，改造為軸 1 和軸 2 用。

(1) 使軸 0 減速停止。

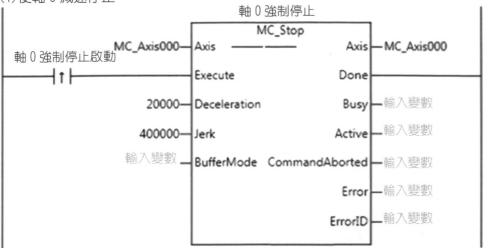

(2) 使軸 1 減速停止。

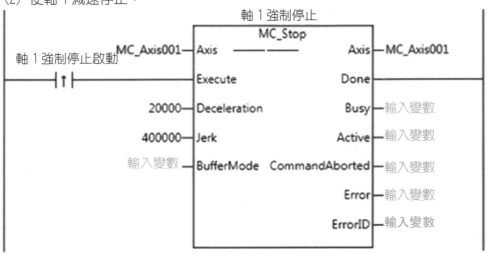

(3) 使軸 2 減速停止。

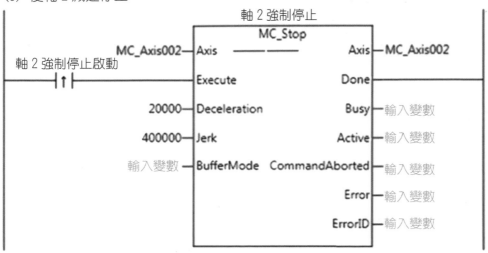

4-5 原點決定

4-5-1 原點返回

使馬達實際轉動，使用極限感測器、原點近傍感測器、原點輸入訊號，使機械原點定位。

使用近接開關或編碼器的 Z 相等，作為原點輸入訊號。

4-5-2 絕對編碼器原點設定

以下，針對使用 G5 系列伺服驅動器內建 EtherCAT 通訊型的絕對編碼器時加以說明。

就 EtherCAT 通訊型的伺服驅動器而言，其伺服驅動器側具有位置控制迴路。

因此，像是 MC 機能模組，雖不能用來控制來自編碼器的回饋位置，但能以 EtherCAT 通訊接收回饋位置。

因此，能用使用者程式一面參照回饋位置一面用 Sysmac Studio 進行監視。

絕對編碼器即使關掉 CPU 模組的電源也能藉由編碼器的備份電池保持絕對值資料。因此，執行 MC_Power （可運轉）指令時，能從絕對值編碼器讀入現在位置，用以確定位置。

只要確認原點一次，就不需要像搭載有增量編碼器的伺服馬達般，需進行原點返回。

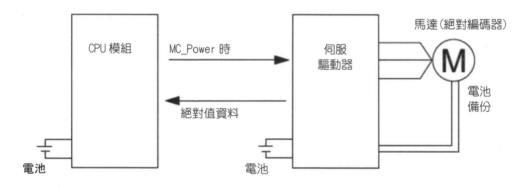

4-5-3 快速原點返回

這是在原點已確定狀態下，對原點位置進行快速定位的機能。

使用 MC_MoveZeroPosition （快速原點返回）指令，能指定目標速度、加速度、減速度、急衝度。

如在原點未確定狀態下執行，指令就會發生異常。

4-5-4 動作

分別按 NS8 上的原點返回開關，從軸 0 到軸 2 分別操作原點返回。

4-5-5 程式

(1) 配置了增量編碼器的伺服馬達之原點返回和快速原點返回

配置了增量編碼器的伺服馬達的軸 0 在原點未確定時進行原點返回。
原點確定時，進行高速原點返回。

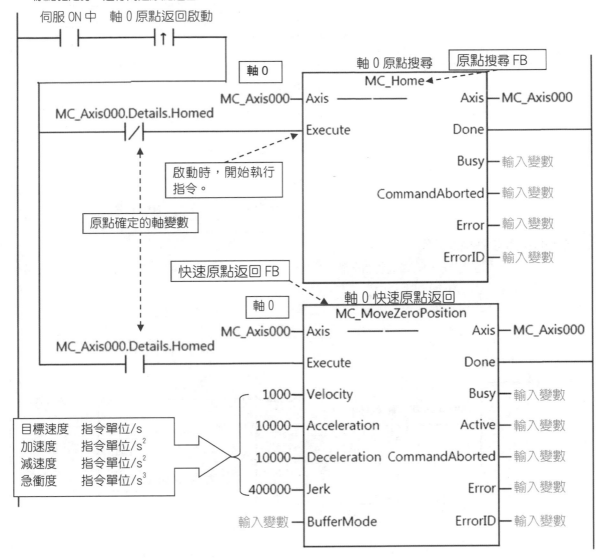

(2) 搭載有絕對編碼器的伺服馬達之快速原點返回
　　由於軸 1 業已確認原點，因此進行快速原點返回。

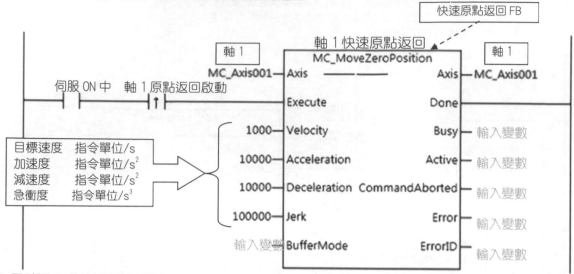

(3) 原點返回和快速原點返回

執行以下原點返回的 FB，就會進行原點重設。今後的內容視需求，能事先新增高速原點返回。
由於是虛擬軸，因此不須伺服 ON。
複製搭載有軸 0 之增量編碼器的伺服馬達的原點返回以及高速原點返回的程式後，進行
改造如下。

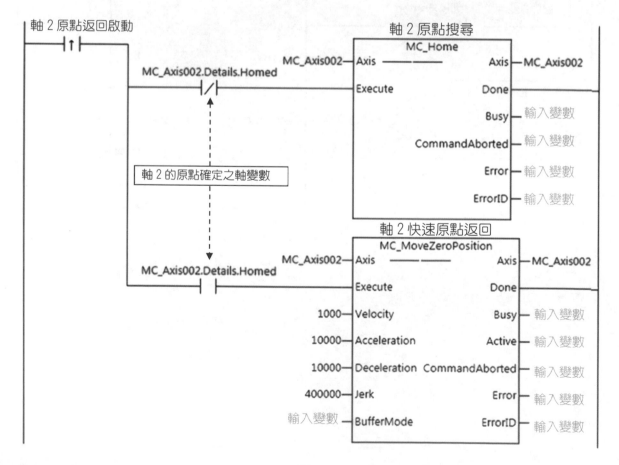

備忘頁：

備忘頁

第
5
章

單軸位置控制

MC 機能模組與 OMRON 製 G5 系列伺服驅動器內建 EtherCAT 通訊型連接，藉此能進行位置控制、速度控制、扭力控制。

以下，說明單軸的定位動作。

5－1　動作概要.. 74
5－2　相對定位.. 75
5－3　模擬機能.. 76
　5－3－1　何謂數據追蹤... 76
　5－3－2　數據追蹤的啟動... 76
　5－3－3　3D 動作追蹤顯示.. 76
　5－3－4　2D 的數據追蹤.. 81
5－4　EtherCAT 驅動的調整(參考)................................... 84
　5－4－1　執行自動校準(對象機種：G5 系列)........................ 84
　5－4－2　Node1 (軸 0)的調整..................................... 84
　5－4－3　Node2 (軸 1)的調整..................................... 85

5-1 動作概要

在 MC 機能模組的單軸控制機能中,有對動作輪廓執行指令的控制和同步控制。

對動作輪廓執行指令的控制,能用位置控制、速度控制、扭力控制三種控制模式執行指令。

同步控制是針對控制對象之從軸中,對主軸以凸輪輪廓曲線或齒輪比等表示的同步關係進行動作。

另外,對點動等手動運轉或原點返回也能因應。

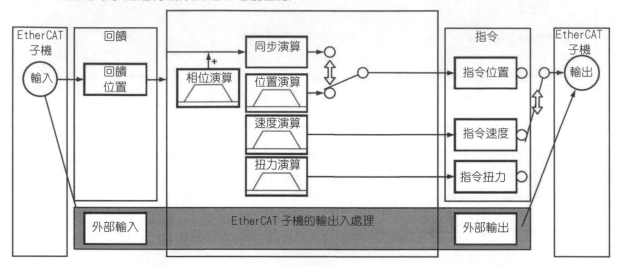

(註)同步演算時,能使用指令位置或回饋位置作為輸入。

5-2 相對定位

(1) 單軸定位啟動開關 ON 後，使軸 0 移動 75 mm 與軸 1 旋轉 90 度交互相對移動。使用的 FB 啟動後變成有效。

(2) 這次，由於想使重覆動作，因此用單軸定位啟動完成訊號，重新啟動。

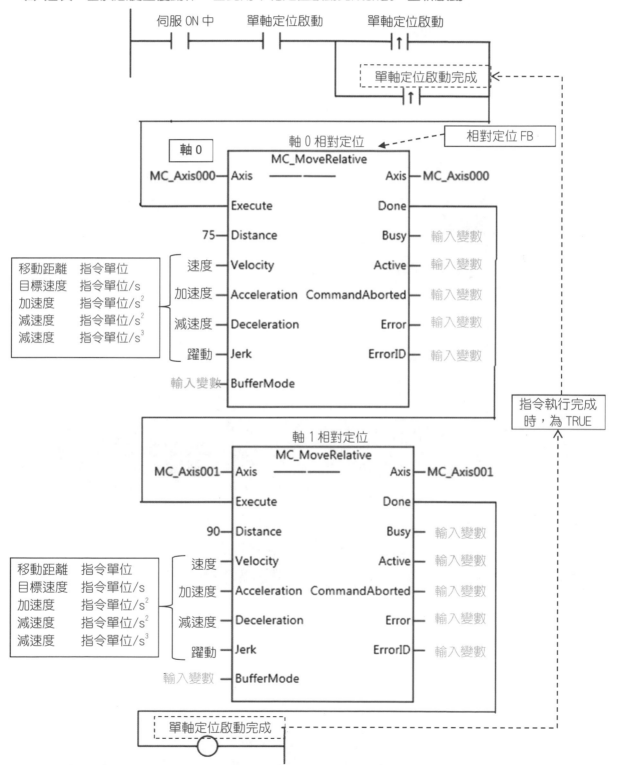

75

5-3 模擬機能

事前以 3D 動作追蹤確認實際的動作。使用數據追蹤。

5-3-1 何謂數據追蹤

係指能在無程式情況下,指定變數加以取樣的機能。

能從記錄條件成立前後資料之觸發追蹤、及以無觸發連續執行取樣,將結果依續記錄於電腦上的檔案中之連續追蹤等兩種方式。

觸發追蹤時也能以 Sysmac Studio 讀出確認、及儲存於檔案。

模擬器下也能使用同等機能。

5-3-2 數據追蹤的啟動

(1) 在多檢視瀏覽器下,用右鍵點選 [設定和安裝] | [數據追蹤設定],選擇 [新增] | [數據追蹤]。
(2) 在多檢視瀏覽器建立數據追蹤 0。用右鍵點選,將名稱變更為『單軸位置控制』。

> ▼ 🔲 數據追蹤設定
> └ 🔲 單軸位置控制

(3) 雙點選或用右鍵點選單軸位置控制,選擇 [編輯]。
(4) 數據追蹤顯示會彈出顯示。

5-3-3 3D 動作追蹤顯示

(1) 啟動數據追蹤,點選 3D 動作追蹤畫面顯示鈕(📷)。
(2) 在 3D 動作追蹤畫面點選 3D 設備機型的設定鈕(🔲),從所顯示的選單選擇 [新增]。

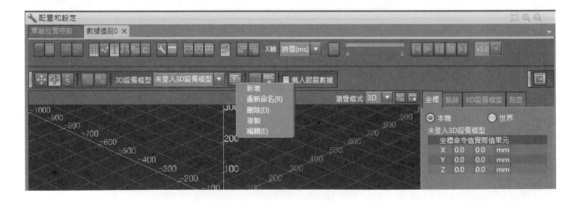

(3) 點選 3D 設備機型視窗的畫面下部的[全顯示 3D 設備模型](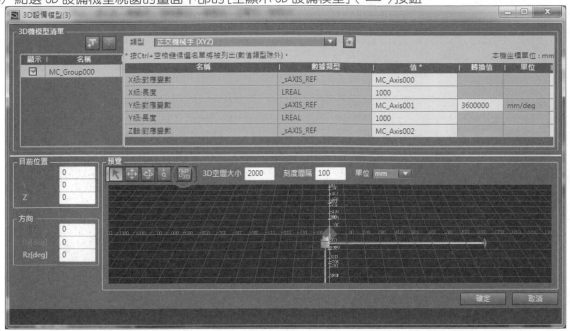)按鈕。

(4) 新增 3D 機種模型。

這次,類型選用傳送機和電機旋轉 1 軸的兩種機構。

設定各參數後,只要點選[OK]鈕,就能新增 3D 設備模型。

再選擇種類後,輸入資料。

這次機材的正方向與追蹤顯示相反。因此,圓盤的旋轉方向也相反。

如用視點旋轉模式,於 Z 軸周圍旋轉 180 度,則成為與這次機材相同的視點。

(5) 3D 畫面操作

藉由以下的按鈕進行視點操作。

按鈕名	圖示	機能
選取模式		只要點選按鈕,滑鼠游標就會變化。能用滑鼠選擇預覽所顯示的 3D 機構及其他形狀。從下一視點移動模式等切換為選擇模式時使用。
移動模式		只要點選按鈕,滑鼠游標就會變化。藉由滑鼠的拖曳操作,能對預覽的 3 度空間描畫區域,使視點以上下和左右平行移動。
旋轉模式		只要點選按鈕,滑鼠游標就會變化。藉由滑鼠的拖曳操作,能對預覽的 3 度空間描畫區域,以畫面中央為中心,使視點旋轉。
縮放模式		只要點選按鈕,滑鼠游標就會變化。藉由滑鼠的拖曳操作,能對預覽的 3 度空間描畫區域,對畫面放大/縮小。
全顯示 3D 設備模型		只要按下按鈕,視點就能自動最佳化,以便能俯瞰整體預覽裝置機型。

(6) 建立輸送帶如下。

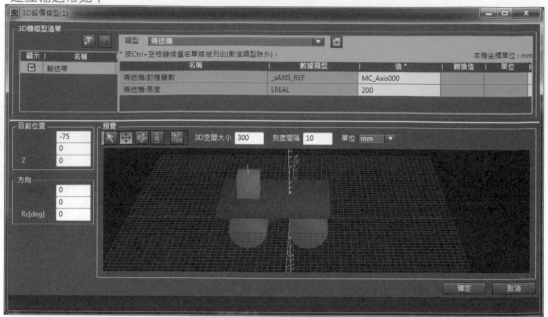

(7) 3D 動作追蹤畫面，點選 3D 設備機型的設定鈕，從所顯示的選單選擇 [新增]。

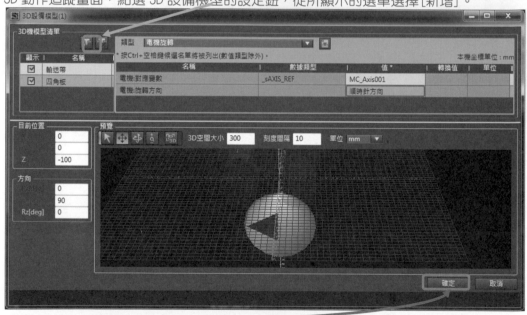

最後按下 OK。

(8) 請如以上設定，點選 3D 裝置機型的設定鈕（ 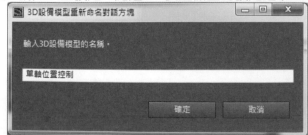 ），按下名稱的變更，變更如下。

78

(9) 數據追蹤下進行追蹤時採取觸發設定方式、需登錄追蹤對象變數。

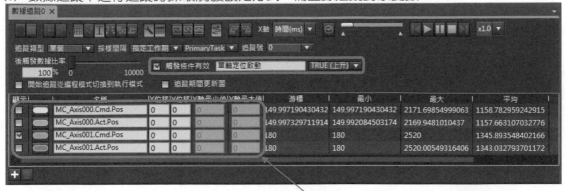

自動設定。

(10) 選擇[檢視]|[模擬畫面]。

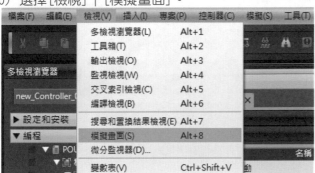

(11) 在畫面右下的工具箱下側顯示模擬視窗。

(12) 點選模擬視窗內的[執行]鈕。或選擇工具列[模擬]下拉式選單點選[執行]。

(13) 用數據追蹤開始追蹤,進行資料的取樣。

(14) 啟動順序如下,用右鍵點選伺服 ON 有效→單軸定位,選擇[TRUE/FALSE]|[TRUE],使其動作。

(15) 選擇 3D 後，再選擇 3D 設備模型的單軸位置控制。
　　 按下播放鈕。變更倍率。

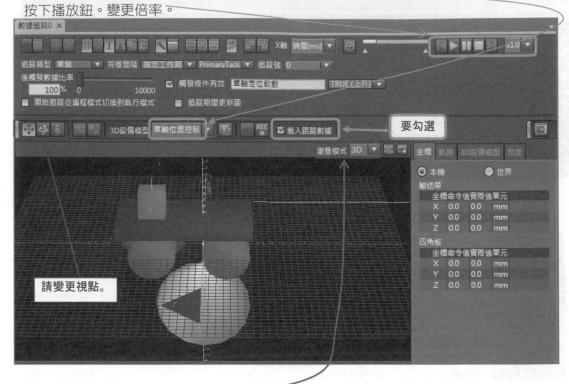

(16) 2D 軌跡顯示
　　 用瀏覽模式之切換組合框，將[3D]切換於[X-Y]、[Y-Z]、[X-Z]，藉此顯示 2 度空間平面
　　 上的軌跡。

(17) 模擬停止時，點選模擬視窗內的[停止]鈕。切斷模擬連接，結束模擬器。

(18) 結束模擬視窗時，點選模擬視窗上的[x]鈕。

(19) 實際進行運轉，用 3D 動作追蹤進行確認
　　 將數據追蹤設定傳送給控制器，開始追蹤。如追蹤類型為「單個」時，待機狀態直到觸發條件
　　 ON 時，如為「連續」時，則開始取樣，所追蹤的資料依序傳送給電腦並加以儲存。

　　 請用數據追蹤開始追蹤，進行資料的取樣。

5-3-4 2D 的數據追蹤

同時監視軸 0 和軸 1 的軸變數停止中, 即 MC.Axis0000. Status. Standstill 和
MC.Axis0001. Status. Standstill。

(1) 新增追蹤變數

取樣變數的設定畫面

點選 [新增追蹤變數] 鈕。新追蹤對象的變數列便會增列於上。

(2) 同樣地執行追蹤。

(3) 圖的切換

切換 BOOL 型資料用的數位圖、其 BOOL 型以外的資料用的類比圖、動作軸的動作確認用之 3D
動作追蹤顯示的 3 種圖之顯示/不顯示。另外, 也能將數位圖和類比圖重疊於一圖來顯示。

按鈕	機能
	顯示/不顯示 BOOL 型資料用的數位圖。
	顯示/不顯示 BOOL 型以外的資料用的類比圖。
	同時顯示類比圖和數位圖。
	顯示/不顯示動作軸的動作確認用之 3D 動作追蹤結果。

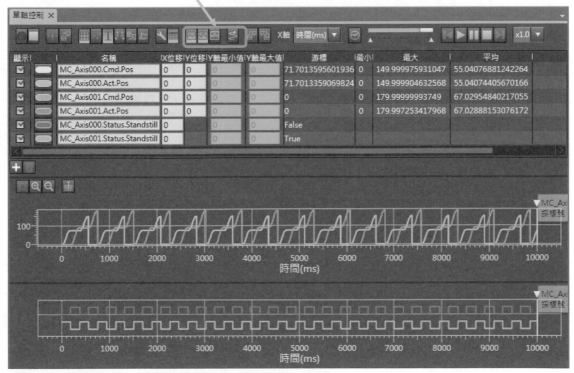

回饋現在位置最小以 1 脈衝份移動,因此包含很多雜訊。

(4) X 軸的切換

變更數位圖及類比圖的 X 軸。也能指定追蹤對象變數。

操作流程

點選 X 軸設定組合框,選擇 X 軸的資料名。

指定的資料以 X 軸為主,重新描畫數位圖和類比圖。

(5) Y 軸顯示模式的切換

能選擇具有各變數個別的 Y 軸或具有所有變數共通的 Y 軸。

操作流程

①點選個別 Y 軸模式鈕。

②在表上點選,選擇以 Y 軸顯示的變數。

③能以各變數變更 Y 軸的顯示範圍(但不可設定 Y 補償)。

(6) 圖的放大/縮小

進行數位圖及類比顯示的放大/縮小。數位圖僅能 X 軸方向的放大/縮小。

操作流程

①在進行放大/縮小的軸上,設置滑鼠游標,使滑鼠輪前後移動。或點選[放大]鈕(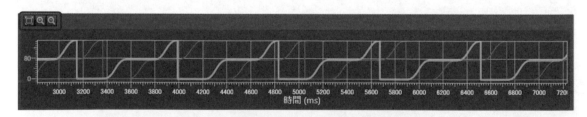)/
[縮小] ( )鈕。

②變更各軸的比例。X 軸方向的放大/縮小在數位圖和類比圖間連動。

③只要點選[縮放到適當大小]鈕( ),就能以顯示整個圖的比例自動設定並加以顯示。

(7) 類比圖和數位圖的一體顯示

按下 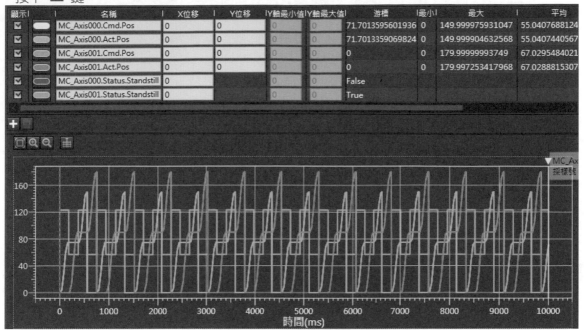 鍵。

顯示		名稱	X位移	Y位移	Y軸最小值	Y軸最大值	游標	最小	最大	平均
☑	⬭	MC_Axis000.Cmd.Pos	0	0	0	0	71.7013595601936	0	149.999975931047	55.0407688124
☑	⬭	MC_Axis000.Act.Pos	0	0	0	0	71.7013359069824	0	149.999904632568	55.0407440567
☑	⬭	MC_Axis001.Cmd.Pos	0	0	0	0	0	0	179.99999993749	67.0295484021
☑	⬭	MC_Axis001.Act.Pos	0	0	0	0	0	0	179.997253417968	67.0288815307
☑	⬭	MC_Axis000.Status.Standstill	0		0	0	False			
☑	⬭	MC_Axis001.Status.Standstill	0		0	0	True			

時間(ms)

5-4 EtherCAT 驅動的調整(參考)

5-4-1 執行自動校準(對象機種：G5 系列)

執行自動校準機能。
本機能僅在 Sysmac Studio 連線時且驅動連線時才能執行。

5-4-2 Node1 (軸 0)的調整

(1)用右鍵從多檢視瀏覽器的[設定和安裝]｜[EtherCAT]點選節點 1 (軸 0)，選擇[自動校準]。

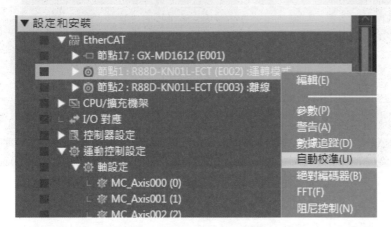

(2)在配置層顯示有自動校準畫面，執行自動調整。選擇自動調整(簡單)。按下一步。

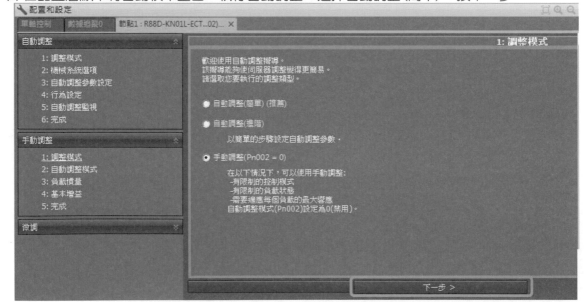

(3)用選擇機械系統選項，選擇輸送帶。
　　按下一步驟。
(4)用自動調整的設定，將機械剛性的初始值設定於 20。(這次的機械剛性如較低，則成為
　　偏差計數器超出等級。)
　　按下一步驟。

⑸將反覆調整的時間設定為 1000 msec。

⑹將速度設定為 1000 單位/sec，自動反覆本章的動作。

⑺在自動調整監視畫面，按下開始，開始進行調整。

⑻開始驅動器的調整。確認結束。

　　按下一步驟。

⑼請將完成畫面儲存於 EEPROM。這次的內容，不必重新開啟電源。

5-4-3　Node2（軸 1）的調整

⑴與節點 1（軸 0）同樣地調整。

⑵以機械構成的選擇選擇轉盤。

⑶用自動調整的設定，將機械剛性的初始值設定於 15。（這次的機械剛性如較低，則成為
　偏差計數器超出等級。）按下一步驟。

⑷將反覆調整的時間設定於 1000 msec。

⑸將速度設定於 1000 單位/sec，自動反覆單軸定位。

⑹在自動調整監視畫面，按下開始，開始進行調整。

⑺開始驅動器的調整。確認結束。

　　按下一步驟。

⑻ 請將完成畫面儲存於 EEPROM。這次的內容，不必重新開啟電源。

備忘頁

第 6 章

單軸同步控制

以下，說明單軸的同步控制動作。

6-1　建立主軸...88
　　6-1-1　動作..88
　　6-1-2　程式..88
6-2　同步控制的概要..89
6-3　齒輪動作..90
　　6-3-1　概要..90
　　6-3-2　動作..90
　　6-3-3　MC_GearIn（齒輪動作開始）指令的加減速度...................91
　　6-3-4　程式..92
6-4　位置指定齒輪動作..93
　　6-4-1　概要..93
　　6-4-2　動作..94
　　6-4-3　計算加減速的速度輪廓......................................95
　　6-4-4　程式..96
6-5　凸輪動作..97
　　6-5-1　概要..97
　　6-5-2　動作..97
　　6-5-3　飛剪設備..98
　　6-5-4　凸輪動作的機構..99
　　6-5-5　機構...100
　　6-5-6　用凸輪編輯器建立凸輪.....................................103
　　6-5-7　程式...107
　　6-5-8　關於 MC_CamIn..108
6-6　梯形凸輪動作...109
　　6-6-1　概要...109
　　6-6-2　動作...109
　　6-6-3　動作圖...109
　　6-6-4　程式...110
　　6-6-5　MC_MoveLink（梯形凸輪）指令的 FB 變數....................111

6-1 建立主軸

軸 0、軸 1 都把計數模式設定成循環模式。本章，雙軸皆以無限軸使用。

同步控制中必須有主軸。

軸 0（正時皮帶）採速度控制，設成主軸。

6-1-1 動作

(1) 按下主軸啟動開關，藉此進行速度控制。

(2) 使用超載值設定的 FB，藉此使速度變化。從人機的速度資料提供。

(3) 藉由軸 0 強制停止、高速原點返回開關之 FB 的多重啟動，使其停止。

6-1-2 程式

(1) 速度控制

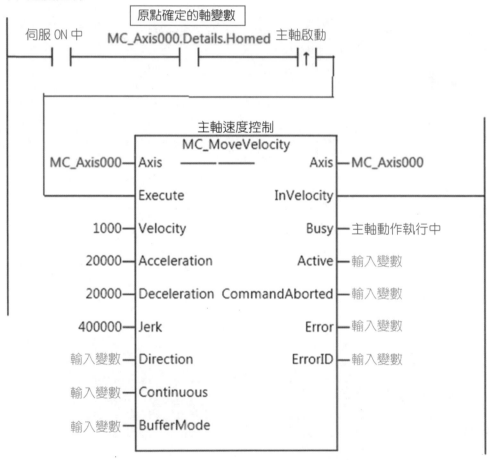

主軸動作執行中，藉由全局變數的 ON/OFF，使人機的主軸啟動泵 ON/OFF。

(2) 超載值設定

　　如速度控制成為執行中，則設定超載。

　　設速度 1000 mm/s 為 100%，計算超載值。

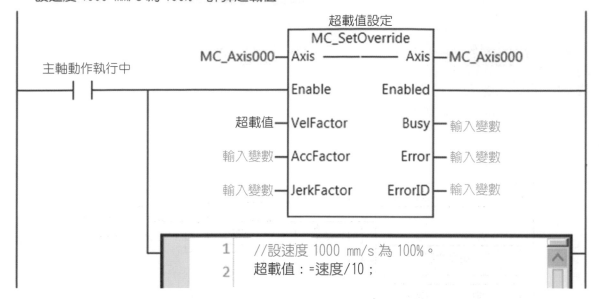

(3) 速度超載值

　　指定速度超載值。

　　超載值的有效範圍為「0.01 ～ 500.00」。

　　「500.00 以上」視為「500」，「0.01 未滿(也包含負數)」視為「0.01」。

　　僅指定「0」時，以「0」進行動作。

　　單位為%。

6-2 同步控制的概要

同步控制是與主軸位置同步，用以控制從軸位置的機能。能於主軸指定各軸指令位置或回饋位置。
對從軸的指令速度如超過軸參數的[最高速度]，則以最高速度予以指令。此時，不足的移動量是
於下一周期以後，進行分配並加以輸出。

新增演習

在以下之實習中，有時間者，請追蹤各同步動作中的軸 0、1 的回饋位置、速度、扭力。

6-3 齒輪動作

6-3-1 概要

這是在主軸和從軸間設定齒輪比後,並進行齒輪動作的功能。

用 MC_GearIn (齒輪動作開始)指令,開始齒輪動作,用 MC_GearOut (齒輪動作解除)指令、或 MC_Stop (強制停止)指令解除同步。

能對動作對象的從軸指定齒輪比分子、齒輪比分母、位置種類選擇、加速度、減速度。另外,主軸能指定指令位置、回饋位置、最新指令位置的任一位置。

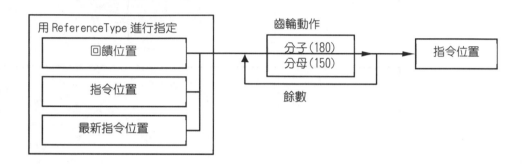

6-3-2 動作

(1) 軸 0、1 都進行原點返回。把軸 1 作為從軸,啟動齒輪動作。
(2) 使主軸 0 動作。
(3) 變更主軸 0 的速度後,確認從軸是否同步。
　　主軸動作後,再啟動齒輪動作。請確認是否沒對準標記。在下一位置指定齒輪動作後即可加以解決此問題。
(4) 藉由 MC_GearOut (齒輪動作動作解除)指令、使軸 1 高速原點返回或強制停止,來結束齒輪動作。

6-3-3 MC_GearIn（齒輪動作開始）指令的加減速度

能於輸入變數中指定 Acceleration（加速度）、Deceleration（減速度）。

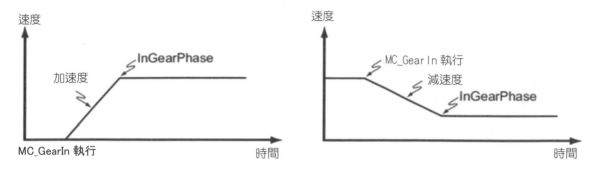

如將 Acceleration（加速度）、或 Deceleration（減速度）指定為「0」進行啟動，則不必加減速就能達到目標速度。

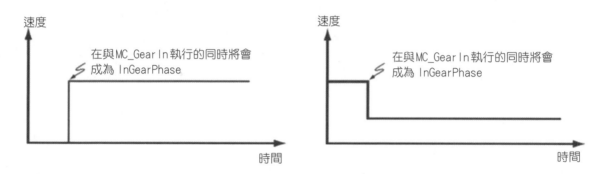

6-3-4 程式

(1) 開始齒輪動作

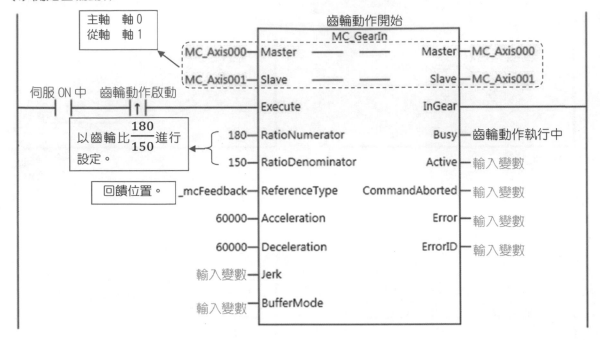

(2) 停止齒輪動作。

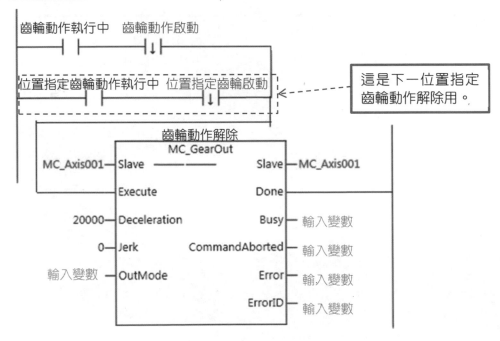

(3) 如齒輪動作執行中成為 OFF，則齒輪動作啟動的開關被關閉。

6-4 位置指定齒輪動作

6-4-1 概要

這是設定主軸和從軸間的齒輪比,並進行齒輪動作的機能。

位置指定齒輪動作能指定開始同步的主軸位置和從軸位置。

用 MC_GearInPos(位置指定齒輪動作)指令開始位置指定齒輪動作,MC_GearOut(齒輪動作解除)指令或用 MC_Stop(強制停止)指令結束同步。

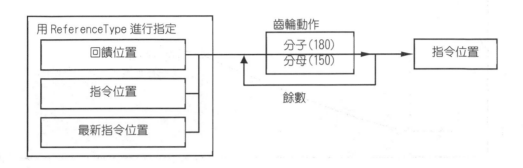

能對動作對象的從軸指定齒輪比分子、齒輪比分母、位置種類選擇、加速度、減速度。另外,主軸能指定指令位置、回饋位置、最新指令位置的任一位置。

動作開始後,從軸把主軸速度乘上齒輪比的速度作為目標,進行加減速動作。

從軸到達從軸同步位置,從事 Catching phase(追趕中),從軸到達從軸同步開始位置後,則成為 InSync(齒輪同步中)。從軸會與主軸的位置同步。

6-4-2 動作

(1) 啟動主軸
(2) 啟動位置指定齒輪動作。(如主軸速度為 0，則成為錯誤。)

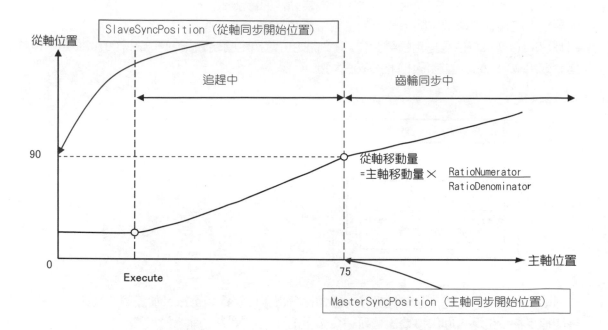

(3) 即使讓速度變化也會與主軸同步。
(4) 如 SlaveSyncPosition (從軸同步開始位置) 比啟動時的從軸位置小，則從軸成為反轉動作。
(5) 以前章的 MC_GearOut (齒輪動作解除) 指令解除齒輪動作。
(6) 即使將軸 1 高速原點返回或強制停止也能結束位置指定齒輪動作。

6-4-3 計算加減速的速度輪廓

MC 機能模組是用以下三種速度，使用 Acceleration（加速度）、及 Deceleration（減速度），計算以直線加減速的速度輪廓。
(1) 追趕動作開始時的 Slave（從軸）速度稱為初速
(2) 追趕動作開始時的 Master（主軸）速度乘上齒輪比的速度稱為終速
(3) Velocity（目標速度）稱為最高速度

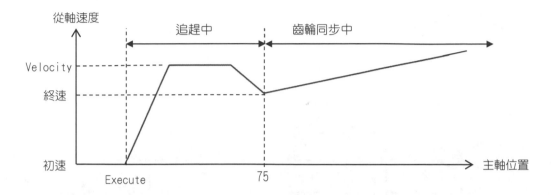

(4) 當齒輪比為負數時，Slave（從軸）將往 Master（主軸）的反方向移動。

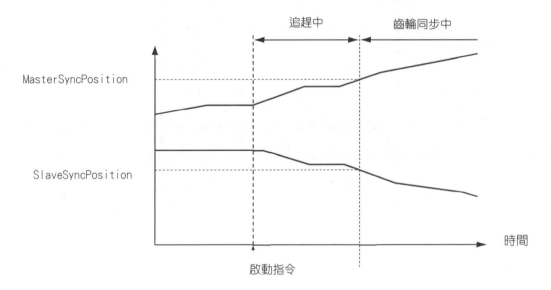

 安全上的要點

當使用本指令時，請勿對 Master（主軸）執行 MC_SetPosition（變更現在位置）指令。
如對 Master（主軸）執行 MC_SetPosition（變更現在位置）指令，則 Slave（從軸）可能進行急遽追縱，較為危險。
想對 Master（主軸）使用 MC_SetPosition（變更現在位置）指令時，Master（主軸）和 Slave（從軸）的關係一旦解除後，再執行。

6-4-4 程式

(1) 啟動位置指定齒輪動作

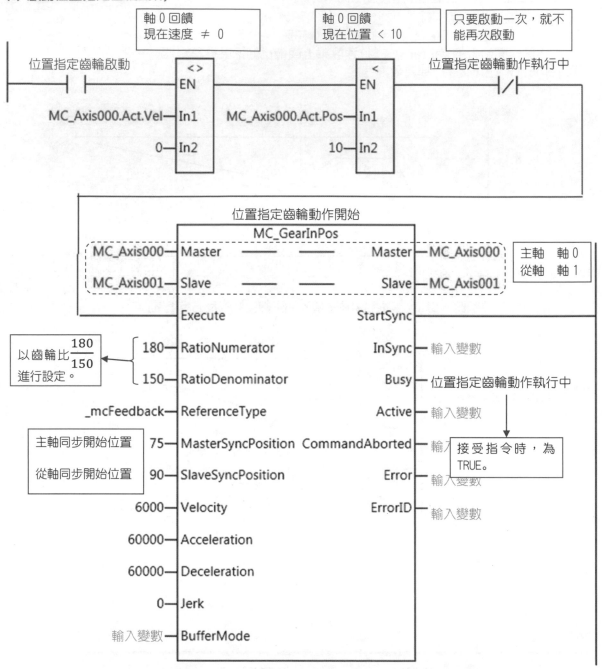

軸 0 回饋
現在速度 ≠ 0

軸 0 回饋
現在位置 < 10

只要啟動一次，就不
能再次啟動

位置指定齒輪啟動

位置指定齒輪動作執行中

MC_Axis000.Act.Vel —In1
0 —In2

MC_Axis000.Act.Pos —In1
10 —In2

位置指定齒輪動作開始

MC_GearInPos

MC_Axis000 —Master   Master —MC_Axis000
MC_Axis001 —Slave   Slave —MC_Axis001

主軸　軸 0
從軸　軸 1

Execute   StartSync

以齒輪比 $\frac{180}{150}$ 進行設定。

180 —RatioNumerator   InSync —輸入變數
150 —RatioDenominator   Busy —位置指定齒輪動作執行中
_mcFeedback —ReferenceType Active —輸入變數

主軸同步開始位置
從軸同步開始位置

75 —MasterSyncPosition CommandAborted —輸入
90 —SlaveSyncPosition   Error —輸入變數

接受指令時，為
TRUE。

6000 —Velocity   ErrorID —輸入變數
60000 —Acceleration
60000 —Deceleration
0 —Jerk
輸入變數 —BufferMode

(2) 用伺服 OFF 和位置指定齒輪動作執行中的下降來關掉位置指定齒輪啟動開關。

伺服 ON 中

位置指定齒輪啟動
(R)

位置指定齒輪動作執行中

6-5 凸輪動作

6-5-1 概要

這是依照凸輪表,從軸與主軸位置同步並進行動作的機能。

用 MC_CamIn (凸輪動作開始)指令開始凸輪動作,用 MC_CamOut (凸輪動作解除)指令、或 MC_Stop (強制停止)指令解除凸輪動作。

凸輪表是使用 Sysmac Studio 的凸輪編輯器機能建立,事先下載於 CPU 模組本體。

使用 Sysmac Studio 的「同步」機能下載至 CPU 模組。

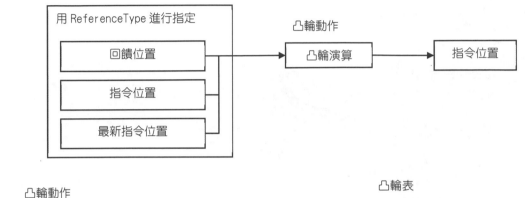

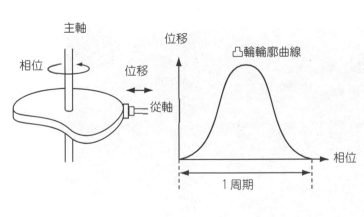

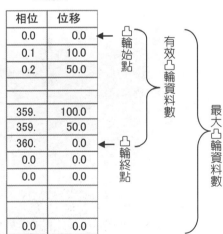

6-5-2 動作

(1)按下凸輪動作啟動開關,藉此從軸用 MC_CamIn (凸輪動作開始)指令從 0 度移動。

(2)無論啟動主軸前或啟動主軸後,皆可移動從軸。即使變更主軸速度,從軸也以凸輪資料進行同步。

(3)凸輪動作執行中,關掉凸輪動作啟動開關,藉此以 MC_CamOut (凸輪動作解除)指令解除凸輪動作。

(4)即使把軸 1 高速原點返回或強制停止也能結束。

6-5-3 飛剪設備

加入輸送帶軸 0(主軸)，再追加四角板之軸 1(從軸)，兩軸執行同步程式。
在此作成以下之動作，想像一飛剪設備中，再固定之間隔下，使用兩刀刃進行切斷。

飛剪設備示意圖：

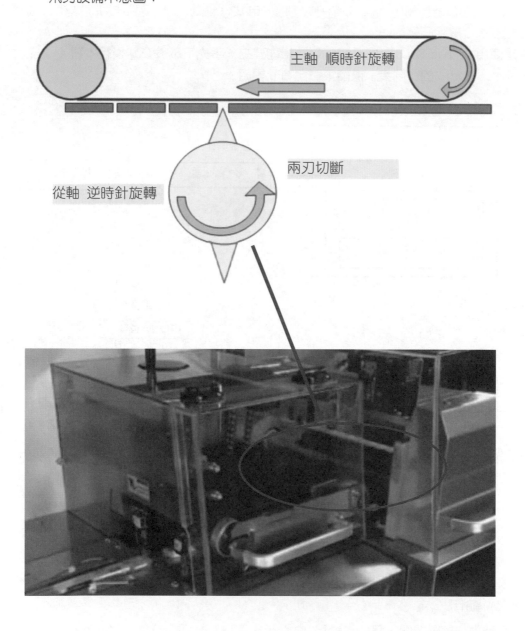

主軸 順時針旋轉

兩刃切斷

從軸 逆時針旋轉

6-5-4 凸輪動作的機構

輸送帶的標記距離 150mm, 而四角板的直徑為 120 mm。

在推算出公式時，以輸送帶的標記間（150mm）即四角板旋轉 180 度來加以考慮。

輸送帶的速度和直徑 120 mm 的四角板轉速（主軸之機械原點距離 30mm 開始至 120mm）一樣，調整四角板速度。

同步區域的公式

$$x = 120(mm)\pi \frac{\theta}{360} \qquad\qquad \theta = 3\frac{x}{\pi}$$

x＝90mm 時、θ＝85.944 度

上述同步曲線的前後以 5 次曲線連結。5 次曲線能連結兩端位置、速度、加速度。

〈參考〉

　有關主軸、從軸中從機械原點及同步範圍之參數 x 與 θ 之關係，用下圖說明。

　因周長為 120π，用角度/360 換算，算出與下圖中 90mm 之關係。

　此次輸送帶的速度與直徑 120mm 的四角板轉速在下圖藍色範圍中需一樣，也可考慮此範圍之周長與輸送帶距離必須一樣。

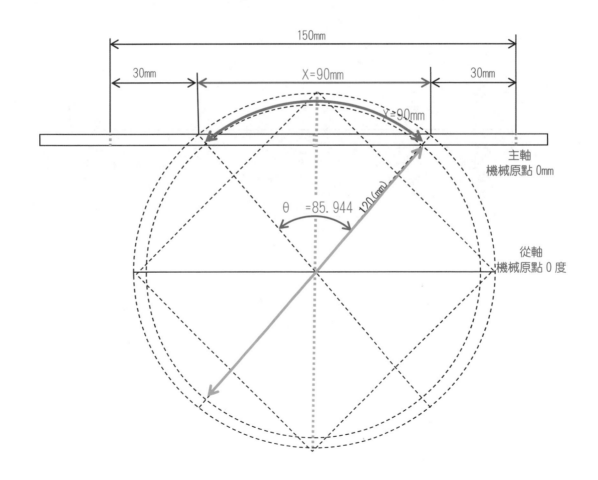

6-5-5　機構

下圖的凸輪動作中，在此說明輸送帶（主軸）與四角板（從軸）之數值。
（詳細內容參照 P98）

(1)主軸、從軸之偏移值說明

以機械原點為起點，用來分別表示主軸與從軸。

主軸 75mm 偏移，從軸 90 度偏移，兩端使用直線方式連結。

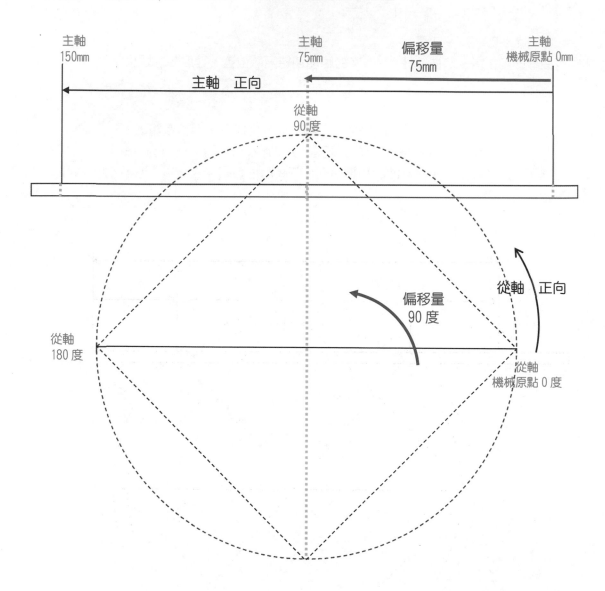

(2)為什麼要先偏移？

下圖為凸輪特性圖，橫軸為主軸，縱軸為從軸。

如果在沒有偏移的情況下作成凸輪特性圖時，於 0mm 及 150mm 會發生不連續點（因在 5 次曲線下，要吻合位置、速度、加速度很困難）。因此，很難控制。

■沒有偏移時的凸輪特性圖

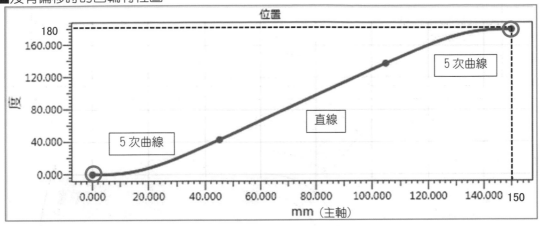

下圖的凸輪特性圖主軸先偏移 75mm，從軸偏移 90 度。

在此狀態下，0mm 及 150mm 處由於是線性，因此不會發生不連續點。

為此，此次採用以下的凸輪特性圖。

■有偏移時的凸輪特性圖

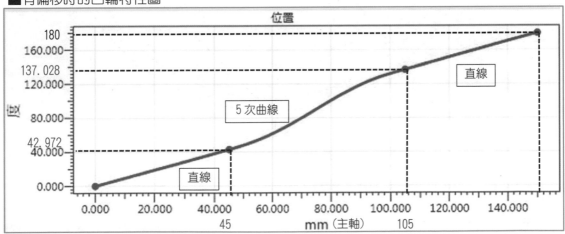

(3) 有偏移之位置各自使用 0mm、0 度記錄於圖中。

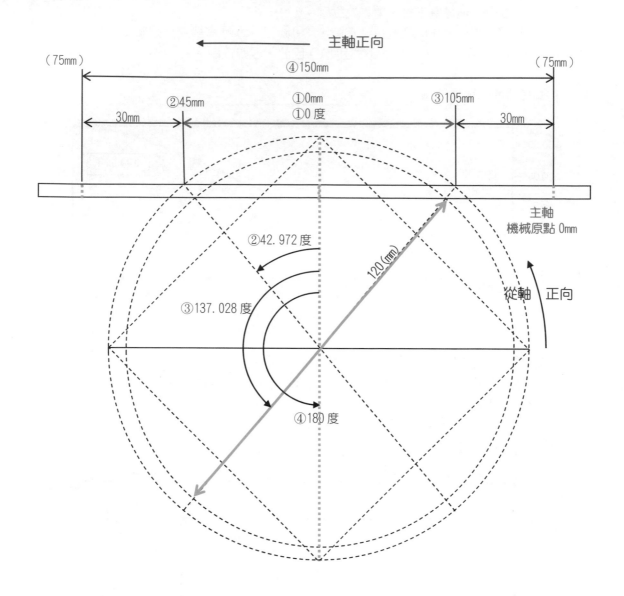

<參考>
　①到④中之 mm 值為輸送帶的凸輪編輯值，度為四角板的值，參照講義 P101 設定之凸輪編輯
　　值。
　機械原點方面主軸 0mm 與從軸 0 度，然而實際應用上，因採偏離方式，偏移點在①0mm 及①
　0 度，於凸輪程式上之 MasterOffset、SlaveOffset，請各自設定成 75mm、90 度。
　(P107 請參照 MC_CamIn 指令)
　輸送帶與四角板的動作，按照①→②→③→④的順序操作。
　之後，相同動作重複操作。

6-5-6 用凸輪編輯器建立凸輪

(1) 凸輪資料設定的登錄

用右鍵點選多檢視瀏覽器的[設定及安裝] | [Cam 數據設定]，從選單選擇[新增] | [CamProfile]。

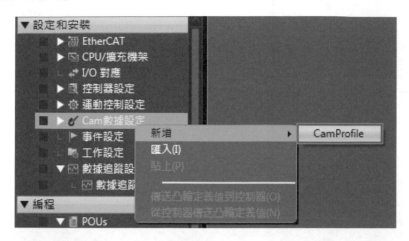

(2) 在凸輪編輯器下方登錄有「CamProfile0」。

(3) 進一步用右鍵點選，把凸輪名稱設定為飛剪設備。

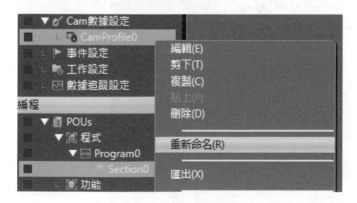

(4) 凸輪編輯器的啟動

用右鍵點選想編輯的凸輪資料設定,從選單選擇[編輯]。

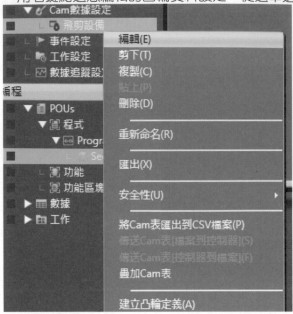

啟動凸輪編輯器。

(1) 設定屬性

為產生凸輪表,進行必要的設定。

屬性配置於凸輪編輯器上的上部。

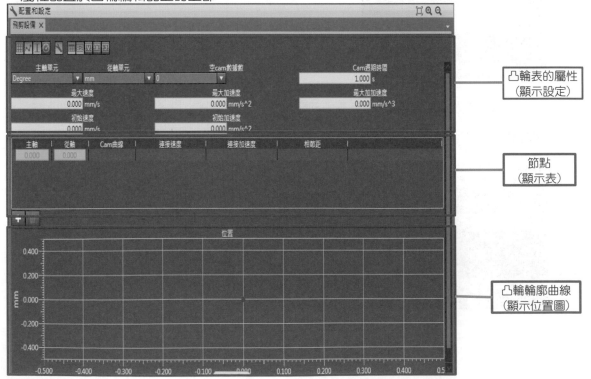

(2)凸輪資料的變更

　　設主軸單位為 mm，設從軸單位為度。

(3)節點的登錄（曲線的定義）

　　在節點中，輸入凸輪動作中務必通過的點（主軸相位和從軸對應主軸的位移）。

這次的凸輪曲線，首先，全部以直線表示，僅正中央為 5 次曲線。因此，能自動連結位置、速度、加速度。配合凸輪週期時間，建立速度曲線、加速度曲線。

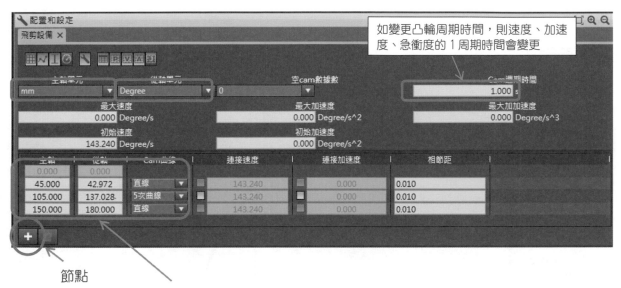

節點

用直線連結的主軸和從軸的距離分別將同步的距離設定一半。

(1) 位置、速度、加速度圖

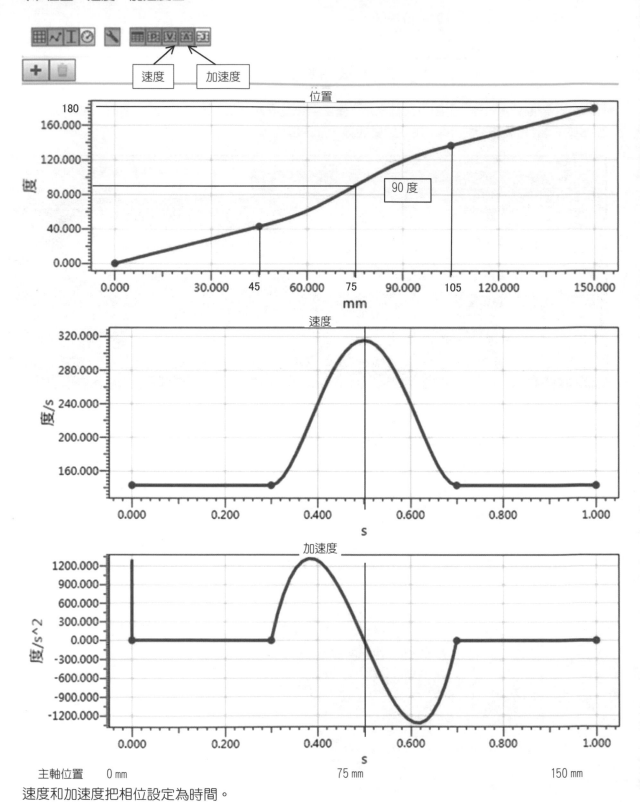

主軸位置　　0 mm　　　　　　　　　　　　　　75 mm　　　　　　　　　　150 mm

速度和加速度把相位設定為時間。

6-5-7 程式

(1) 從軸從 0 度移動。
(2) 主軸無論在啟動前或啟動後皆可移動從軸。

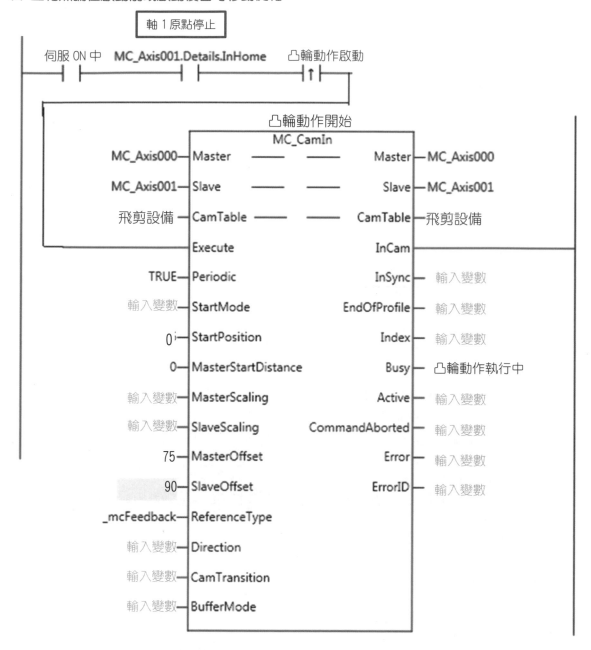

(3) 在凸輪動作執行中，使從軸停止。

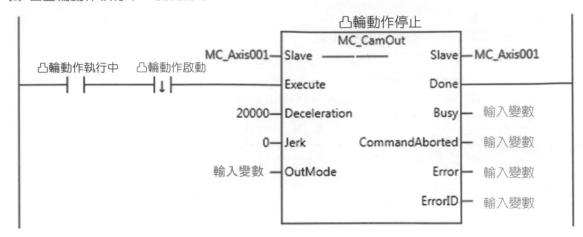

(4) 將軸 1 原點返回，且強制停止，藉此結束凸輪動作。
(5) 切換開關。

6-5-8　關於 MC_CamIn

(1)Periodic 反覆模式
　　指示是否反覆執行或只執行 1 次所指定的凸輪表。
　　TRUE：反覆　　FALSE：無反覆
　　這次為 TRUE：反覆。

(2)StartMode　開始位置方式指定
　　指定使用 MasterStartDistance（主軸追蹤距離）的座標系統。這次為絕對位置。

(3)StartPosition　凸輪表開始位置
　　用主軸的絕對位置指定凸輪表的始點（相位 = 0）。
　　單位為指令單位。這次為 75 mm。

(4)MasterStartDistance　主軸追蹤距離
　　從軸開始凸輪動作時，指定主軸位置。
　　這次如為 0 mm，則開始同步。

(5)SlaveOffset　從軸補償
　　用指定的補償值錯開從軸位移。這次，從凸輪表的從軸位置 90 度，移動凸輪，如直接移動，
　　則馬上移動 90 度。如未以這種方式，則設定-90 度，餘額為 0。

(6)Busy 執行中
　　接受指令時，為 TRUE。

6-6 梯形凸輪動作

6-6-1 概要

這是指定的從軸一面與指定的主軸同步一面在梯形曲線進行定位的機能。

雖是電子凸輪的一種,但不使用凸輪編輯器所建立的凸輪表。

用 MC_MoveLink (梯形凸輪)指令啟動,開始動作。

為使動作中的軸停止,使用 MC_Stop (強制停止)指令。

6-6-2 動作

(1) 從軸從 0 度移動。梯形凸輪動作啟動開關 ON 時,凸輪持續動作。

(2) 主軸無論在啟動前或啟動後皆可移動從軸。

(3) 從軸的速度和位置是如下圖所示,以主軸和從軸的移動量比例來決定。

(4) 下圖的主軸追蹤距離是表示同步開始條件為有效時的位置。

(5) 即使將軸 1 原點返回或強制停止也能結束。

6-6-3 動作圖

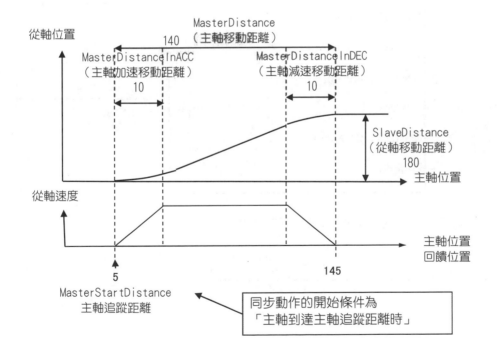

6-6-4 程式

(1) 從軸從 0 度移動。梯形凸輪動作啟動開關 ON 時，凸輪持續動作。

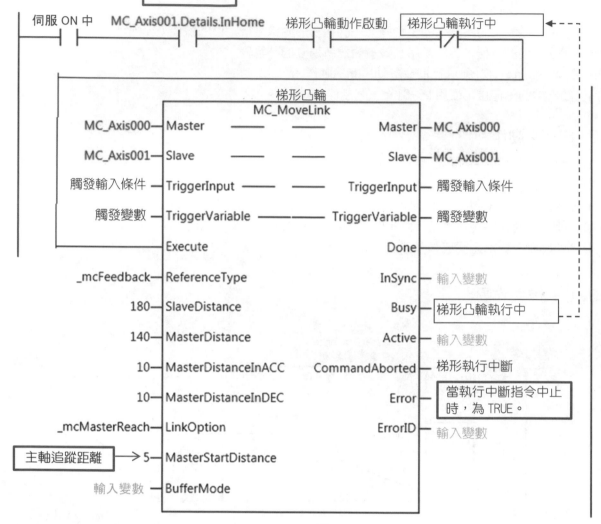

(2) 用梯形圖案凸輪執行中斷關閉梯形凸輪動作啟動開關。

6-6-5 MC_MoveLink (梯形凸輪)指令的 FB 變數

粗字為這次設定的內容。

輸出入變數	名　稱	資料類型	有效範圍	內　　容
Master	主軸	_sAXIS_REF	—	指定主軸。[1] 指定軸 0。
Slave	從軸	_sAXIS_REF	—	指定從軸。[1] 指定軸 1。
TriggerInput	觸發輸入條件	_sTRIGGER_REF	—	設定觸發條件。[2] 這次並非有效，但必須以變數設定。
TriggerVariable	觸發變數	BOOL	TRUE, FALSE	當以觸發條件指定控制器模式時，指定成為觸發的輸入變數。這次並非有效，但必須以變數設定。

[1]. 請使用以 Sysmac Studio 的軸基本設定畫面所建立的軸變數(預設值「MC_Axis＊＊＊」)。
[2]. 請定義_sTRIGGER_REF 型的使用者變數。

_sTRIGGER_REF　　這次不使用。

會員變數	名　稱	資料類型	有效範圍	功　　能
Mode	模式	_eMC_TRIGGER_ MODE	0: _mcDrive 1: _mcController	指定觸發模式。 0：驅動器模式 1：控制器模式
LatchID	閉鎖 ID 選擇	_eMC_TRIGGER_ LATCH_ID	0: _mcLatch1 1: _mcLatch2	指定是否使用兩種閂鎖功能中的任一種。 0：閉鎖機能 1 1：閉鎖機能 2
InputDrive	驅動觸發輸入訊號	_eMC_TRIGGER_ INPUT_DRIVE	0: _mcEncoderMark 1: _mcEXT	驅動器模式時，指定伺服驅動器的觸發訊號。 0：Z 相 1：外部輸入

輸入變數	名　稱	資料類型	有效範圍	初始值	內　容
Execute	啟動	BOOL	TRUE, FALSE	FALSE	啟動時,開始執行指令。
Reference Type *1	選擇位置種類	_eMC_ REFERENCE_ TYPE	0: _mcCommand 1: _mcFeedback 2: _mcLatestCommand	*2	指定位置的種類。 0:指令位置(先前初始周期的計算值) 1:回饋位置(同一初始周期的取得值) 2:指令位置(同一初始周期的計算值)
Slave Distance	從軸移動距離	LREAL	負數、正數、「0」	0	指定從軸的移動距離。 單位為[指令單位]。 這次為 180 度。
Master Distance	主軸移動距離	LREAL	正數、或「0」	0	指定主軸的移動距離。 單位為[指令單位]。 這次為 140 mm。
Master DistanceIn ACC	主軸加速移動距離	LREAL	正數、或「0」	0	指定從軸加速時的主軸移動距離。單位為[指令單位]。 這次為 10 mm。
Master DistanceIn DEC	主軸減速移動距離	LREAL	正數、或「0」	0	指定從軸減速時的主軸移動距離。單位為[指令單位]。 這次為 10 mm。
LinkOption	選擇同步開始條件	_eMC_ LINKOPTION	0: _mcCommandExecution 1: _mcTriggerDetection 2: _mcMasterReach	0 *2	指定從軸與主軸同步的條件。 0:啟動時 1:檢測到觸發時 2:主軸到達主軸追蹤距離時
MasterStart Distance	主軸追蹤距離	LREAL	負數、正數、「0」	0	指定從軸開始追蹤主軸的絕對值座標的主軸位置。單位為[指令單位]。這次為 5 mm。
BufferMode	選擇緩衝模式	_eMC_BUFFER_ MODE	0: _mcAborting 1: _mcBuffered	0 *2	指定動作指令多重啟動時的動作。 0:中止 1:回饋

*1. 使用 _mcLatestCommand 時,必須使用主軸、從軸,俾使成為 Master (主軸)所設定的運動控制系統變數的軸編號,<成為 Slave (從軸)所設定的運動控制系統變數的軸編號。

*2. 有效範圍為列舉型變數的初始值實際並非數值,成為列舉子。

第7章

周期同步定位

循環同步定位是於初始周期或定周期工作(TASK)的工作(TASK)周期輸出軸所指定的目標位置的機能。目標位置指定用絕對位置。

使用於想用使用者所建立的任意軌跡進行動作時。

7-1 機能說明 114
7-2 演練內容 115
　7-2-1 動作概要 115
　7-2-1 虛擬主軸的動作 115
　7-2-2 函數的建立 115
　7-2-3 動作 118
7-3 程式的建立 119
　7-3-1 虛擬主軸的速度控制 119
　7-3-2 同步目標位置演算 120
　7-3-3 絕對定位和循環同步定位 121
　7-3-4 追蹤(新增演練) 122

7-1 機能說明

- 本指令是於永久固定周期，以循環同步位置模式(CSP)，將從使用者程式所給予的目標位置輸出到伺服驅動器。目標位置指定絕對位置。
- 速度以軸參數的[最高速度]為上限。[最大加速度]和[最大減速度]不適用。
- 當本指令記載於永久固定周期工作(TASK)中時，以輸入指定的目標位置是用以下的永久固定周期，從伺服驅動器輸出。

本指令記載於永久固定周期工作(TASK)中

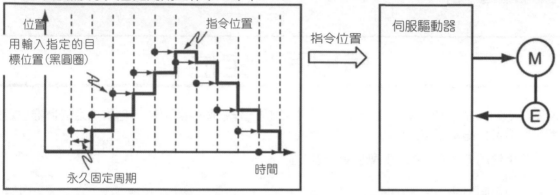

- 當本指令記載於定周期工作(TASK)16時，用輸入指定目標位置是用以下定周期工作(TASK)從伺服驅動器輸出。

將本指令記載於固定周期工作(TASK)16

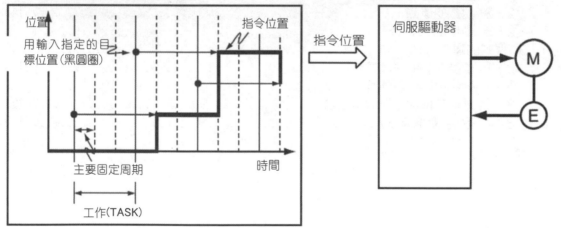

 版本相關資訊

循環同步定位機能可組合CPU模組Ver. 1.03以後版本和Sysmac Studio Ver. 1.04以後版本使用。

 使用注意事項

請指定目標位置，俾使指示的目標位置的移動量避免超過軸參數的[最高速度]。當指示超過[最高速度]的目標位置時，指令速度變飽和，輸出被[最高速度]限制的移動量。根據指示的目標位置不足部分的移動量指示是在下一周期以後輸出。

另外，此時，軸控制狀態的Details.VelLimit (指令速度飽和)為TRUE。

7-2 演練內容

7-2-1 動作概要

以虛擬軸 2 作為主軸，軸 0 與其同步，接著，以軸 0 作為主軸，軸 1 與其同步。
從 PT 提供任意的變數，在動作中使移動變化。

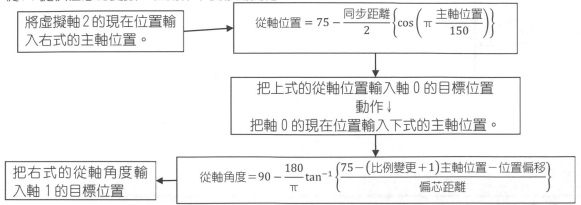

將虛擬軸 2 的現在位置輸入右式的主軸位置。

$$從軸位置 = 75 - \frac{同步距離}{2}\left\{\cos\left(\pi\,\frac{主軸位置}{150}\right)\right\}$$

把上式的從軸位置輸入軸 0 的目標位置
動作↓
把軸 0 的現在位置輸入下式的主軸位置。

把右式的從軸角度輸入軸 1 的目標位置

$$從軸角度 = 90 - \frac{180}{\pi}\tan^{-1}\left\{\frac{75-(比例變更+1)主軸位置-位置偏移)}{偏芯距離}\right\}$$

7-2-1 虛擬主軸的動作

速度為 300（mm/s）時，1 秒鐘為 1 圈。

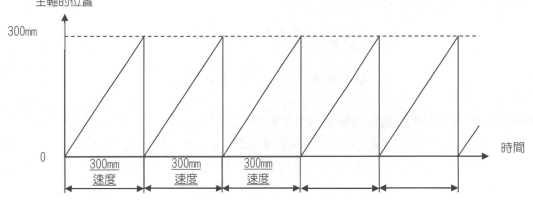

7-2-2 函數的建立

(1)採用單弦曲線的同步

演算法(algorithm)

使用 ST，就能簡單地建立程式，亦十分容易進行除錯。

$$從軸位置 = 75 - \frac{同步距離}{2}\left\{\cos\left(\pi\,\frac{主軸位置}{150}\right)\right\}$$

75 mm 為中心，以 $\dfrac{同步距離}{2}$ 的振幅移動。

☐ 同步示意圖

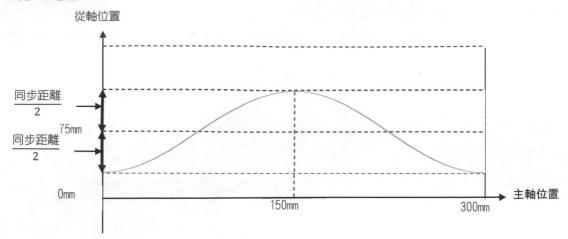

參考

· 何謂單弦曲線

這次的速度和加速度曲線是用以下的函數來表示。

在無停留的往復動作中,不易引起振動。

也包含 Sysmac Studio 的凸輪編輯器。

$$從軸速度 = \frac{同步距離\,\pi}{300} \sin\left(\pi\,\frac{主軸位置}{150}\right)$$

$$從軸加速度 = \frac{同步距離\,\pi^2}{45000} \cos\left(\pi\,\frac{主軸位置}{150}\right)$$

以下圖形是設 1 周期時間的最大值為 1,設位置的最大值為 1。

單弦曲線圖

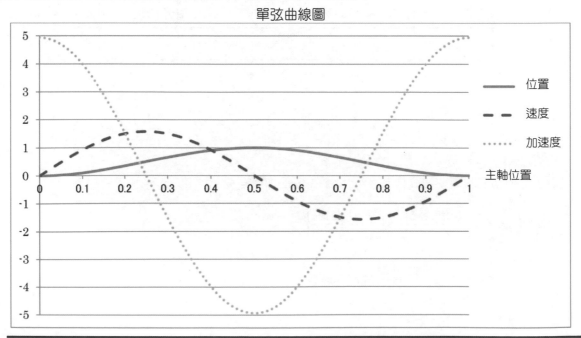

(1) 採用 tan⁻¹ 的函數之同步

□ 演算法(algorithm)

這是在正時皮帶的黃線上，沿四角板的對角線之黃線，使同步的曲線。

比例變更是同步從軸比例變更用。　　　　　　　初始值為 0。

位置偏移是同步從軸位置偏移用。　　　　　　　初始值為 0 mm。

偏心距離　從時基皮帶下到圓盤中的距離　　　　初始值為 42 mm。

$$從軸角度 = 90 - \frac{180}{\pi}\tan^{-1}\left\{\frac{75-(比例變更+1)主軸位置-位置偏移}{偏心距離}\right\}$$

機構圖

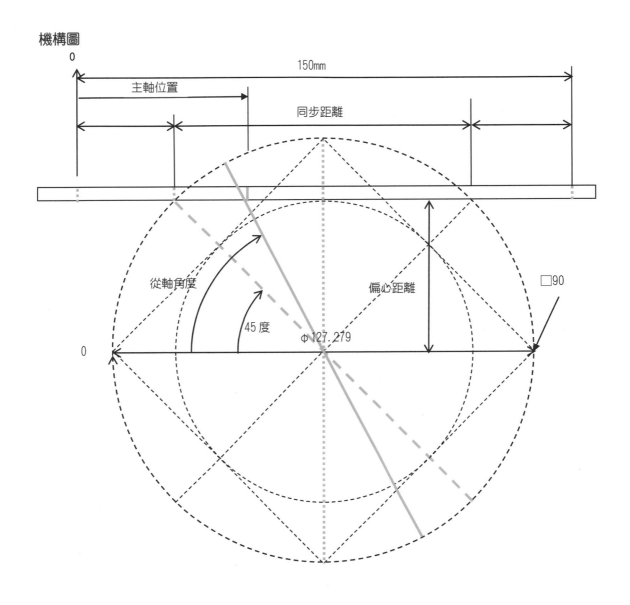

117

(2) 同步距離

　　根據偏心距離，用以下公式進行計算。

$$同步距離 = \sqrt{(45 \times \sqrt{2})^2 - 偏心距離^2} \times 2 = \sqrt{4050 - 偏心距離^2} \times 2$$

7-2-3　動作

(1) 使軸 0、1 及 2 原點返回。

(2) 按下同步控制啟動。以對各軸強制停止、高速原點返回結束移動。

(3) 按下虛擬主軸啟動。以高速原點返回或強制停止結束移動。

(4) 請從人機變更變數。同步的條件改變。

7-3 程式的建立

7-3-1 虛擬主軸的速度控制

6-1章複製主軸的速度控制，重新進行虛擬主軸的速度控制。

(1) 虛擬主軸速度控制啟動

(2) 虛擬超載值設定

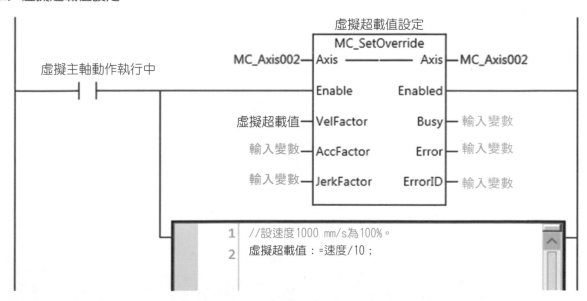

```
1  //設速度1000 mm/s為100%。
2  虛擬超載值：=速度/10；
```

7-3-2 同步目標位置演算

(1)用內嵌 ST 作成程式。
程式內容如下：

```
同步距離:=((4050-偏心距離**2)**0.5)*2;
//單弦曲線的計算
單弦曲線:=75 - 同步距離/2* COS(π* MC_Axis002.Act.Pos/ 150);
//Box 動作的計算
Box 運動:=90 - 180/π*ATAN((75-(比例變更+1)*MC_Axis000.Act.Pos-位置偏移)/
偏心距離);
```

(2)把 π 設定成 LREAL 資料類型的內部變數進行登錄。設初始值為 3.141592。
(3)單弦曲線與 BOX 運動也設定成 LREAL 資料類型的內部變數進行登錄。
同步距離、偏心距離、比例變更與位置偏移設定成 LREAL 資料類型的外部變數進行登錄。已經在全局變數中登錄過。

同步位置控制啟動

```
1   同步距離:=((4050-偏心距離**2)**0.5)*2;
2   //單弦曲線計算
3   單弦曲線:=75 - 同步距離/2* COS(π* MC_Axis002.Act.Pos/ 150);
4   //Box動作的計算
5   Box運動:=90 - 180/π*ATAN((75-(比例變更+1)*MC_Axis000.Act.Pos-位置偏移)/偏心距離);
6
```

7-3-3 絕對定位和循環同步定位

軸 0 和軸 1 移動至同步開始位置後，開始軸 0 和軸 1 的循環同步定位。
將功能區塊串在一起。

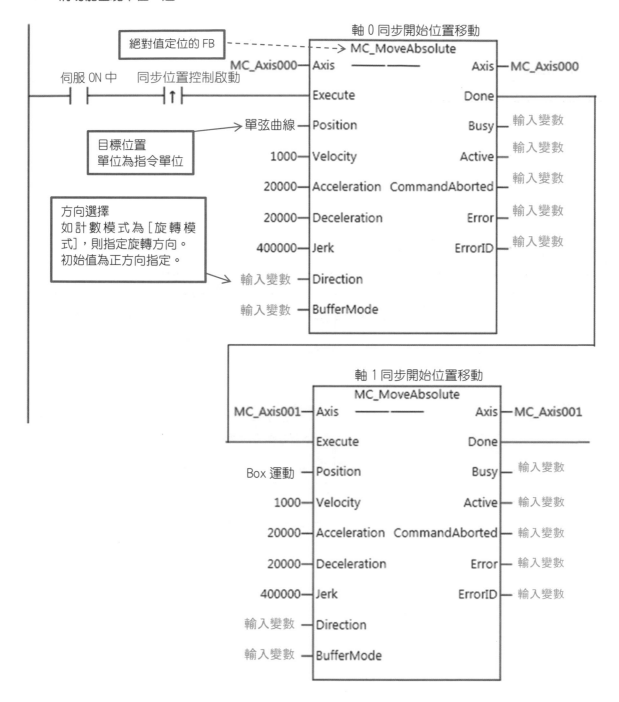

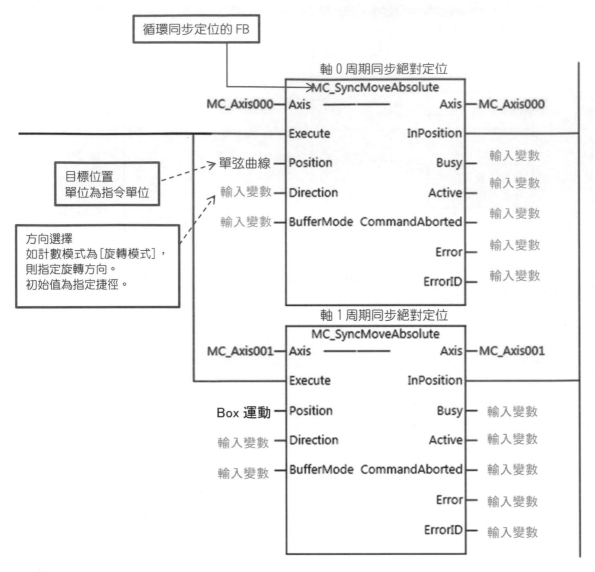

7-3-4 追蹤（新增演練）

(1) 請追蹤軸 2 的位置、軸 0、1 的回饋位置、速度、扭力。
(2) 請將軸 2 的位置作為 X 軸，顯示軸 0 和軸 1 的位置。

備忘頁

備忘頁

第
8
章

多軸協調控制

以下，說明多軸的協調控制動作。

MC 機能模組是事先用 Sysmac Studio 進行軸組的設定，藉此能進行多軸的插補控制。

8-1　機能說明	126
8-2　軸組	127
8-2-1　何謂軸組設定	127
8-2-2　軸組設定的操作步驟	127
8-2-3　軸的設定	128
8-3　直線補間	129
8-4　圓弧補間	130
8-5　程式的建立	131
8-5-1　軸組有效/無效	131
8-5-2　軸組有效	132
8-5-3　減速停止和軸組無效	133
8-5-4　線性插補和圓弧插補	134
8-5-5　多軸協調控制的運動控制指令之多重啟動（緩衝模式）	135
8-5-6　過渡模式	139
8-5-7　用在線 ST 設定	142
8-5-8　除錯程式	143
8-6　藉由 3D 動作追蹤進行模擬動作	145
8-6-1　根據數據追蹤設定建立數據追蹤 1。	145
8-6-2　進行數據追蹤。	146
8-6-3　實際進行運轉，用 3D 動作追蹤進行確認	147

8-1 機能說明

多軸協調控制係指如控制工具前端等為控制對象的軌跡,將相關的多數個軸作軸組化後,使進行協調動作的機能。

MC 機能模組是把進行協調動作的軸之組合成為軸組,藉由 Sysmac Studio 進行設定。

從使用者程式將各軸伺服 ON 之後,並使實際進行多軸協調控制的軸組有效。

多軸協調控制是以屬於軸組的軸間協調動作為目的,因此對有效的軸組之軸,不能啟動單軸動作的運動控制指令。另外,當屬於軸組的軸發生異常時,屬於軸組的其他軸藉由設定軸組參數的[軸組停止方法]使其停止。

MC 機能模組能進行 2 軸~4 軸的線性插補和 2 軸的圓弧插補。

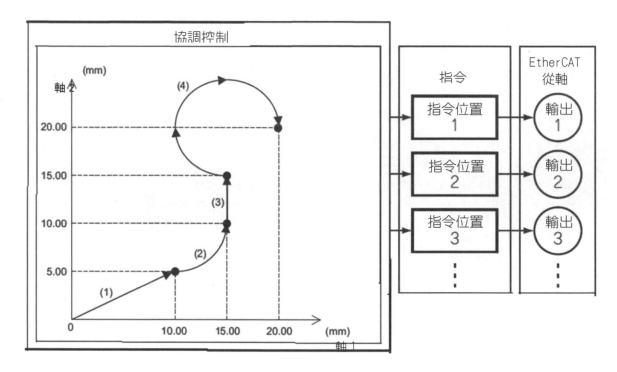

126

8-2　軸組

8-2-1　何謂軸組設定

係指將進行插補動作的軸作為軸組進行設定。

8-2-2　軸組設定的操作步驟

軸組設定畫面的啟動

(1) 用右鍵點選多檢視瀏覽器的[構成及設定]|[運動控制設定]|[軸組設定]，從選單選擇
[新增]|[軸組設定]。

在[群組設定]的下方新增有軸組「MC_Group000」。

(2) 雙擊 MC_Group000。
(3) 在編輯視窗顯示有軸組參數設定。
(4) 用軸組參數設定的左端所顯示的按鈕切換設定畫面。

能用各按鈕進行設定的參數是如下表所示。

切換鈕與軸組參數的關係

按鈕	名稱	概要
	軸組基本設定	設定軸組編號、使用/未使用選擇及軸構成。
	軸組動作設定	進行插補速度、插補加減速度的最大值及插補動作設定。

這次也包含虛擬軸，設定於3軸。

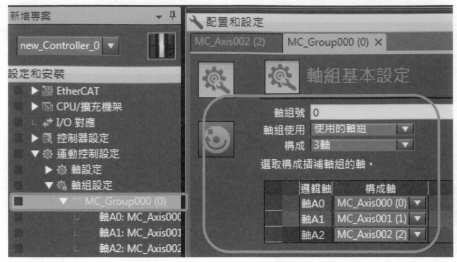

軸組動作設定

將最大插速度設定於 10 k 指令單位/s。

8-2-3 軸的設定

將軸 0、軸 1 及軸 2 的位置計數設定之計數模式設定於線性模式。

參考

・圓弧插補時，發生以下的限制，因此設定於線性模式。

請把 X 軸、或 Y 軸所指定的軸之計數模式作為[線性模式]。

如以[旋轉模式]啟動，則會發生「計數模式設定所造成的圓弧插補指令啟動異常（錯誤碼 544A Hex）」

8-3 直線補間

直線補間是在軸組的軸 A0 ～ 軸 A3 之邏輯軸中使用 2 軸 ～ 4 軸，用線性定位始點和終點。這次使用軸 0、1、2 三軸。

能用絕對值定位和用相對值定位，且能指定插補速度、插補加速度、插補減速度及急衝度。

MC 機能模組有以下三種線性插補指令。

- MC_MoveLinear（線性插補）
  指定輸入變數「MoveMode（移動方法選擇）」，藉此能選擇用絕對值的線性插補和用相對值的線性插補。這是 MC 機能模組獨自的指令。這次使用此。
- MC_MoveLinearAbsolute（絕對值直線補間）
  用絕對值進行線性補插。這是用 PLCopen 技術規格書所定義的指令。
- MC_MoveLinearRelative（相對值線性插補）
  用相對值進行線性插補。這是用 PLCopen 技術規格書所定義的指令。
  從使用 2 軸的 A 點到 B 點的線性插補是如下圖所示

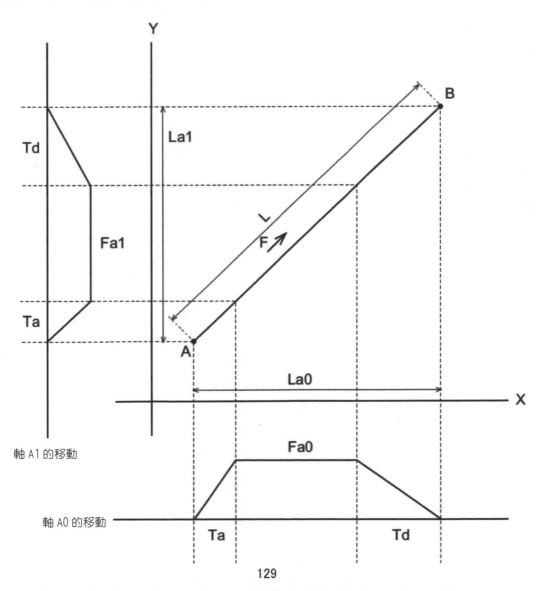

129

8-4　圓弧補間

圓弧補間是在軸組的軸 A0 ~軸 A3 之邏輯軸中使用 2 軸，在二維平面上畫圓弧進行定位。這次使軸 0 和 2 進行圓弧補間。

能用絕對值定位和用相對值定位，且能指定圓弧插補模式、路徑的方向、插補速度、插補加速度、插補減速度及 2 軸合成值的急衝度。

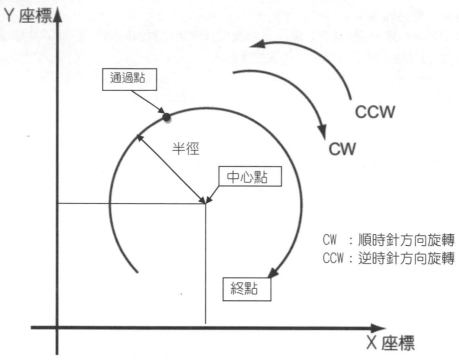

MC 機能模組藉由輸入變數「CircMode（圓弧插補模式）」，能從以下三種指定圓弧補間的方式。

- 通過點指定
- 中心點指定
- 半徑指定

這次使用中心點指定。

 使用注意事項

請把圓弧補間所使用的軸之計數模式作為「線性模式」。

當以「旋轉模式」啟動時，因指令而產生異常。

130

8-5 程式的建立

建立反覆進行線性插補和圓弧插補的階梯程式。各動作間保持順暢。

8-5-1 軸組有效/無效

要讓軸組生效時，用 MC_GroupEnable （軸組有效）指令指定有效的軸組。如在無效狀態下啟動軸組指令，則因指令而發生異常，使得不能啟動。

為使有效狀態的軸組無效，用 MC_GroupDisable （軸組無效）指令指定無效的軸組。

軸組動作中，如啟動軸組無效指令，則屬於軸組的軸以軸參數設定的最大減速度進行減速停止。

進行離線追蹤時也必須確定原點。

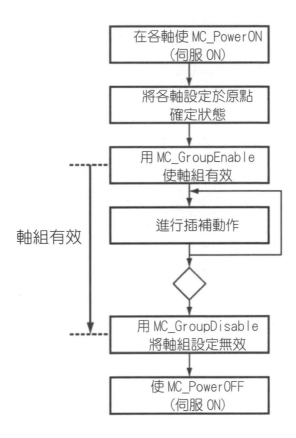

8-5-2 軸組有效

如啟動多軸協調控制,則軸組有效。

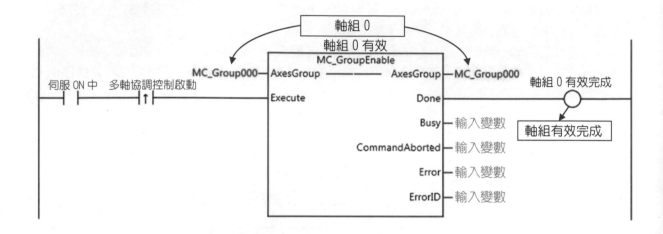

8-5-3　減速停止和軸組無效

藉由多軸協調控的下降，使軸減速停止。

如減速停止完成、或軸組 0 為錯誤減速停止中，則軸組無效。

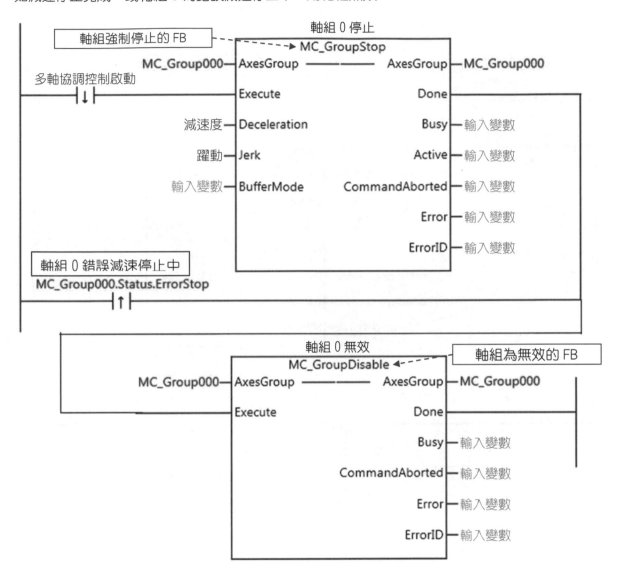

軸組強制停止的 FB

軸組 0 停止
MC_GroupStop
MC_Group000 — AxesGroup ———— AxesGroup — MC_Group000

多軸協調控制啟動
┤↓├　— Execute　　　　　　　Done

減速度 — Deceleration　　　Busy — 輸入變數

躍動 — Jerk　　　　　　　　Active — 輸入變數

輸入變數 — BufferMode　　CommandAborted — 輸入變數

Error — 輸入變數

ErrorID — 輸入變數

軸組 0 錯誤減速停止中
MC_Group000.Status.ErrorStop
┤↑├

軸組 0 無效
MC_GroupDisable
MC_Group000 — AxesGroup ———— AxesGroup — MC_Group000

Execute　　　　　　　　Done

軸組為無效的 FB

Busy — 輸入變數

CommandAborted — 輸入變數

Error — 輸入變數

ErrorID — 輸入變數

8-5-4 線性插補和圓弧插補

如軸組有效，則使線性插補動作。

如線性插補為控制中，則啟動圓弧插補。再者，如圓弧插補為控制中，則使線性插補動作。

另外，為使線性→圓弧→線性保持平穩，使用 TransitionMode（過渡模式）。

所有的動作為絕對位置動作。

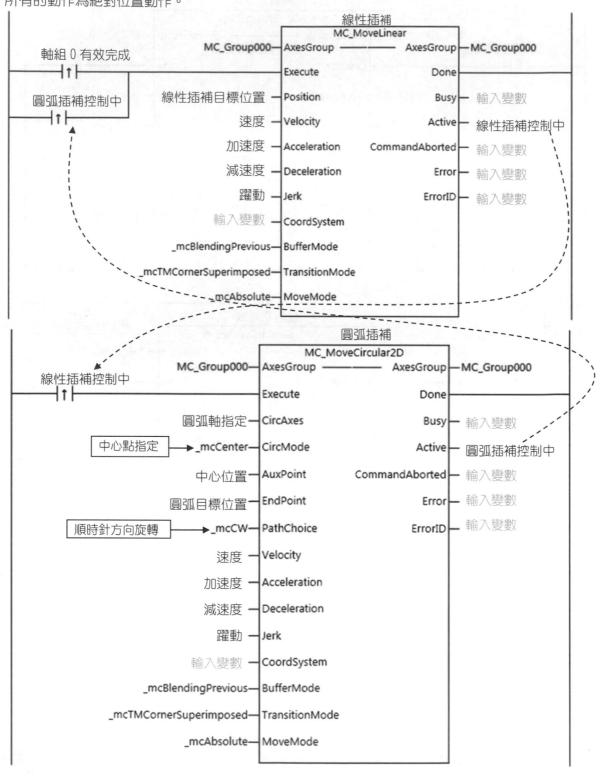

8-5-5 多軸協調控制的運動控制指令之多重啟動（緩衝模式）

能與單軸動作同樣地，對軸組的多軸協調控制進行多重啟動。
如多軸協調控制使用多重啟動，則能執行複數條直線或圓弧連續的軌跡控制。

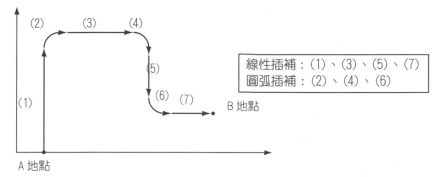

線性插補：(1)、(3)、(5)、(7)
圓弧插補：(2)、(4)、(6)

指定運動控制指令的輸入變數「BufferMode（選擇緩衝模式）」，藉此能選擇與單軸時相同的多重啟動模式。軸組的指令緩衝器，各軸組動作中的 1 個和多重啟動用的 7 個，合計有 8 個。
軸動作的指令和軸組動作的指命不能相互多重啟動。
雖有以下三種模式，但這次使用的是(3)混合(blending)的 Blending Previous（前速度）。

(1) 中斷(aborting)

這是未進行緩衝的預設值模式。執行中的指令馬上被中斷，執行多重啟動的新指令。
無輸入變數 「BufferMode（選擇緩衝模式）」的運動控制指令的多重啟動是作為中斷(aborting)而進行動作。
以多重啟動的時點之插補速度為起點，開始多重啟動的指令動作。如是中斷(aborting)，用含同步控制的單軸控制和軸組控制的組合不能執行。
如對單軸動作中的軸啟動軸組動作，則在多重啟動時，因指令而發生異常。如在軸組動作中啟動單軸動作，則軸和軸組兩者會因異常而停止。

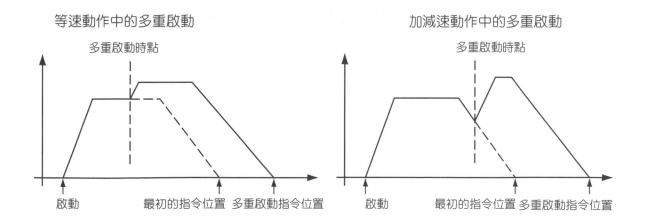

等速動作中的多重啟動

加減速動作中的多重啟動

如是軸組的多重啟動，則以插補速度連續的方式進行。與含有移動量為「0」的軸之指令連續時，各軸的速度變化為不連續。

範例：2軸正交座標的插補速度和各軸的速度

Y 座標

Fy

F

Y 軸的移動

X 座標

X 軸的移動

Fx

Ta

Td

(2) 待機(Bufferd)

多重啟動的指令在執行中的動作完成前進行緩衝(待機)。現指令的動作正常完成後，執行緩衝指令。

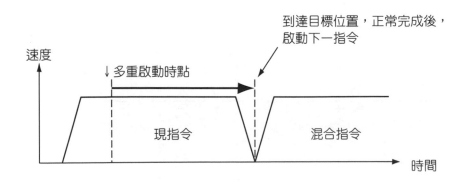

到達目標位置，正常完成後，
啟動下一指令

速度

↓多重啟動時點

現指令

混合指令

時間

(3) 混合(blending)

軸組的混合(blending)也成為和單軸動作的混合同樣的動作。多重啟動的指令在到達現指令
的目標位置前，進行緩衝(待機)。到達現指令的目標位置後，執行緩衝指令。此時，在到達位
置並未停止，以輸入變數「BufferMode（選擇緩衝模式）」所指定的插補速度，連續兩種動作。
如是緩衝指令的加速度、或減速度，則超出目標位置時的動作是用軸組參數的
[插補加減速超出]，能從以下中進行選擇。
- 加減速度急遽(將混合切換於緩衝模式)
- 急遽加減速度
- 以異常而停止的緩衝(待機)進行動作

①低混合(低速度)

在現指令的目標位置，以現指令和緩衝指令成為較低的目標速度的方式進行動作。

②前速度(blending previous)這次使用此。

在現指令的目標位置前以現指令的目標速度動作。到達目標位置後，對緩衝指令的目標速度
進行加減速動作。這次使用這種動作。

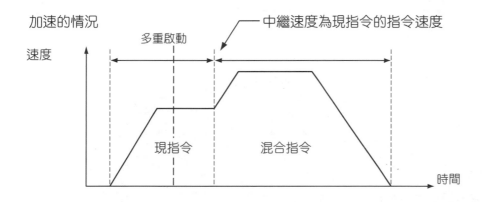

加速的情況

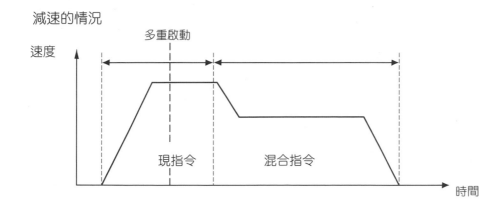

減速的情況

137

③次速度(blending next)

在現指令的目標位置，以成為緩衝指令的目標速度之方式進行動作。

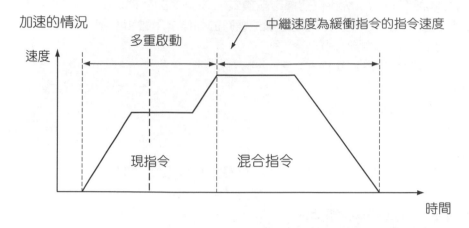

加速的情況

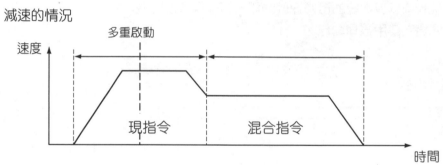

減速的情況

④高混合(高速度)

在現指令的目標位置，以現指令和緩衝指令成為較高目標速度之方式進行動作。

8-5-6 過渡模式

如是軸組的多重啟動，因改變插補軌跡方向，可能對裝置或工件造成衝擊。作為緩和這種衝擊的方法，能用運動控制指令的輸入變數「TransitionMode（過渡模式）」指定指令間的連結動作方法。能用 MC 機能模組選擇的過渡模式如以下所述。

No.	過渡模式	說明
0	過渡無效(TMNone)	未進行過渡的處理(預設值)。 衝擊雖未緩和，但動作時間變短。
10	角落疊加(TMCornerSuperimpose)	將現指令的減速和緩衝指令的加速重疊。 能將插補軌跡的線速度維持一定。

 參考

在 PLCopen 的技術規格書中，定義 No. 0 ~ 9。No. 10 是 MC 機能模組獨自的規格。

(1) 過渡無效(0：TMNone)

未進行用來連結兩個位置的處理。

①TransionMode = TMNone、BufferMode = Buffered 時

移動到位置 End1 停止後，再往位置 End2 移動

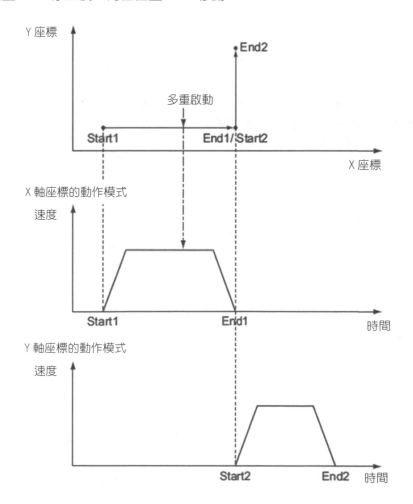

②TransionMode ＝ TMNone、BufferMode ＝ Blending 時
　移動到位置 End1 後，再往位置 End2 移動

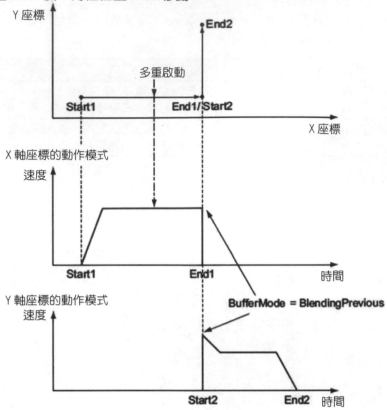

③TransionMode ＝ TMNone、BufferMode ＝ Aborting 時
　從多重啟動的位置 End1' 往位置 End2 移動

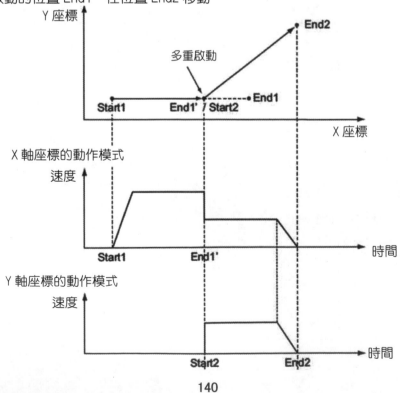

140

(2) 角落疊加(10:TMCornerSuperimpose)

將現指令的減速和緩衝指令的加速重疊。與緩衝指令的加速度的指定無關,以現指令的減速度之減速時間相同的時間進行動作。在重疊的區間,與急衝度的指定無關,成為無急衝度。

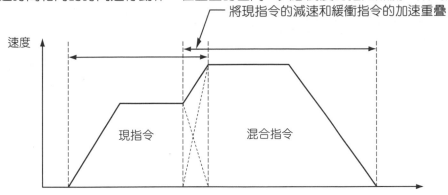

如為 TMCornerSuperimpose 時,表示運動控制指令的完成之輸出變數「Done(完成)」在重疊的區間結束時點,成為 TRUE。

以下是線性插補的軌跡。

動作範例

從P1、P2、P2往P3的Velocity(目標速度)、BufferMode(選擇緩衝模式)、TransitionMode(過渡模式)如下。

・ 從 P1 往 P2 的動作:Velocity = F、BufferMode = 中斷、TransitionMode = _mcTMNone(過渡無效)

・ 從 P2 往 P3 的動作:Velocity = F、BufferMode = 次速度、
  TransitionMode = _mcTMCornerSuperimposed(角落疊加)

・ 從位置 P1 開始移動,通過位置 P2 附近後,再以線性插補往位置 P3 進行動作。

・ 為使各軸的指令速度連續,將前一個動作的減速區域和這次動作的加速區域合成,構成指令速度。因此,這次的動作加速時間是與前一個動作的減速減速時間相同。

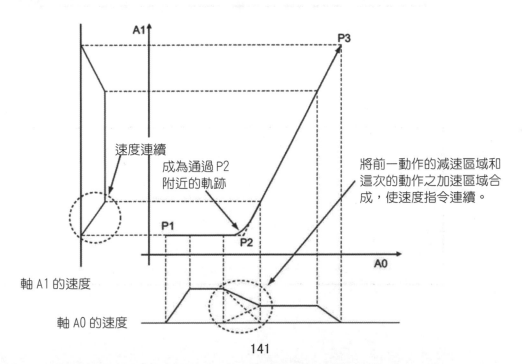

(3) 過渡模式和多重啟動的組合

藉由 TransitionMode (過渡模式) 和 BufferMode (選擇緩衝模式) 組合指令多重啟動。

○：可動作　－：異常而停止

緩衝模式 過渡模式	中止	回饋	混合			
			低	前 (previous)	次(next)	高
過渡無效 (TMNone)	○	○	○*1	○ *1	○ *1	○ *1
角落疊加 (TMCornerSuperimpose)	－	－	○	○	○	○

*1. 過渡無效 (TMNone) 和混合 (blending) 組合成為與緩衝 (待機) 相同的動作。

8-5-7 用在線 ST 設定

(1) 設定線性插補和圓弧插補的目標位置。

軸組 0 有效完成

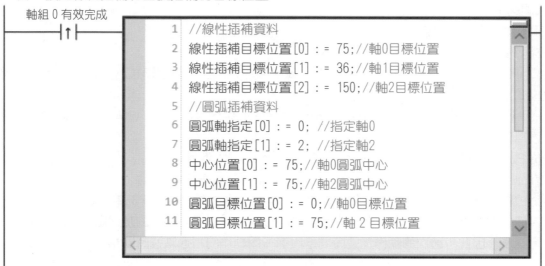

```
1   //線性插補資料
2   線性插補目標位置[0] : = 75;//軸0目標位置
3   線性插補目標位置[1] : = 36;//軸1目標位置
4   線性插補目標位置[2] : = 150;//軸2目標位置
5   //圓弧插補資料
6   圓弧軸指定[0] : = 0; //指定軸0
7   圓弧軸指定[1] : = 2; //指定軸2
8   中心位置[0] : = 75;//軸0圓弧中心
9   中心位置[1] : = 75;//軸2圓弧中心
10  圓弧目標位置[0] : = 0;//軸0目標位置
11  圓弧目標位置[1] : = 75;//軸 2 目標位置
```

(2) 軸 1 的目標位置各次增加 36。

在圓弧插補控制中所新增處，設定以下的線性插補的軸 1 之目標位置。

增加目標位置 36，在超過 180 處設定為 0。

圓弧插補控制中

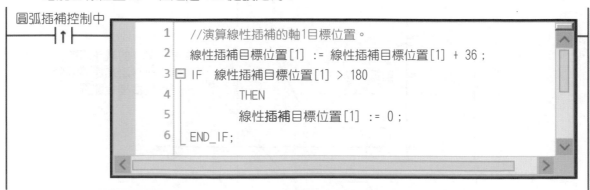

```
1   //演算線性插補的軸1目標位置。
2   線性插補目標位置[1] := 線性插補目標位置[1] + 36 ;
3   IF  線性插補目標位置[1] > 180
4         THEN
5             線性插補目標位置[1] := 0;
6   END_IF;
```

8-5-8 除錯程式

為離線除錯，產生軸 0 的擬似的外部閉鎖輸入訊號 1。

這是使用於離線除錯的測試用途的程式代碼。對來自控制器外部的虛擬輸入處理、使用者異常的強制發生等加以說明。

能用程式單位設定除錯程式的屬性，限在模擬器上執行。在模擬器上，與通常的程式同樣地進行處理，靠分配工作(TASK)來執行。除錯程式是在模擬器上估算程式執行時間，因此能提高估算時間的精確度。

(1) 在多檢視瀏覽器，用右鍵點選[編程作業]｜[POU]｜[程式]，從選單選擇[新增除錯用]｜[ST]或[階梯程式]。這次新增階梯程式。

新建立除錯程式。

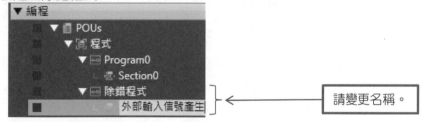

請變更名稱。

(2) 雙點選所插入的除錯程式。
顯示除錯程式編輯器。
編輯如下。

外部輸入訊號的 FB。

以取代光纖感測器方式設定，藉此輸入訊號。

這是外部輸入訊號 1 之意。

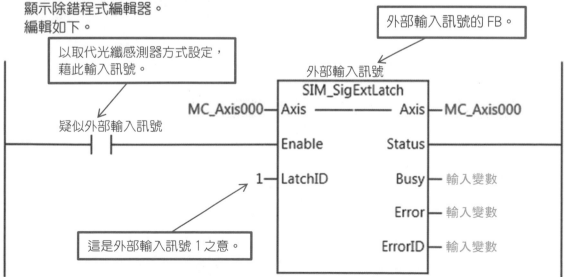

(3) 將處理完成的除錯程式分配工作(TASK)。

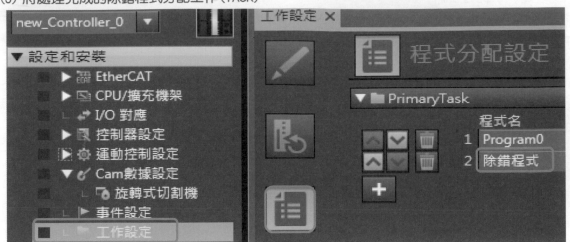

8-6 藉由 **3D** 動作追蹤進行模擬動作

8-6-1 根據數據追蹤設定建立數據追蹤 1。

建立 3D 機構機型如下。

將軸 1 分配於 Y 載台，轉換為線性動作。

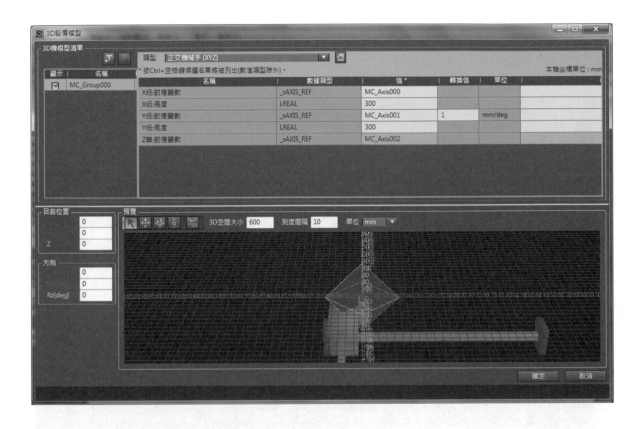

8-6-2 進行數據追蹤。

(1) 請執行模擬器。

(2) 設速度為 1000 指令/sec，設加減速度為 20 k 指令/s^2，設急衝度為 400 k 指令/s^3。

(3) 請如以下畫面進行數據追蹤的設定。

(4) 用數據追蹤開始追蹤，進行資料的取樣。

(5) 將伺服 ON 啟動 ON，鎖定伺服器。

(6) 使軸 0 原點返回啟動 ON/OFF，讓原點返回。

(7) 使軸 0 的疑似外部輸入訊號 ON/OFF。

(8) 分別使軸 1 原點返回啟動及軸 2 原點返回啟動 ON/OFF，進行原點返回。

(9) 使多軸協調控制啟動 ON。請保持到追蹤結束前為止。

(10) 選擇 3D 機構機型，確認 3D 動作。

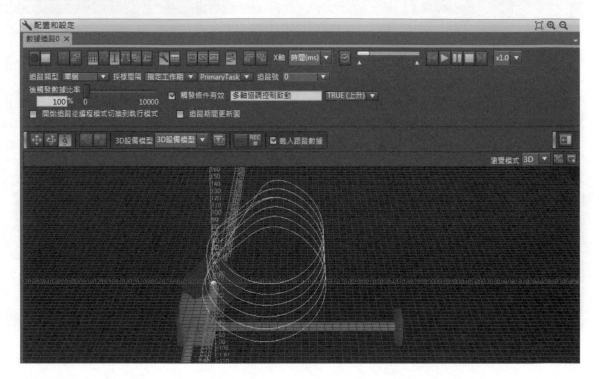

(11) 請設定過渡無效 (TMNone)，並同樣地進行。

8-6-3 實際進行運轉，用 3D 動作追蹤進行確認

(1) 動作順序

設速度為 1000 指令/sec，設加減速度為 20 k 指令/s^2，設躍進為 400 k 指令/s^3。

請進行數據追蹤的設定。

將伺服 ON 啟動 ON，鎖定伺服器。

分別從軸 0 使 2 原點返回啟動 ON，進行原點返回。

使多軸協調控制啟動 ON。

(2) 將過渡模式設定於過渡有效後，確認波形

請設速度為 1000 指令/sec，設加減速度為 20000 指令/sec^2，使進行動作並加以追蹤。

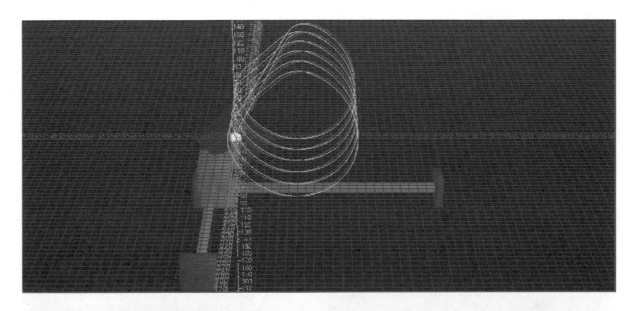

(3) 請將過渡模式設定於過渡無效後，確認波形。

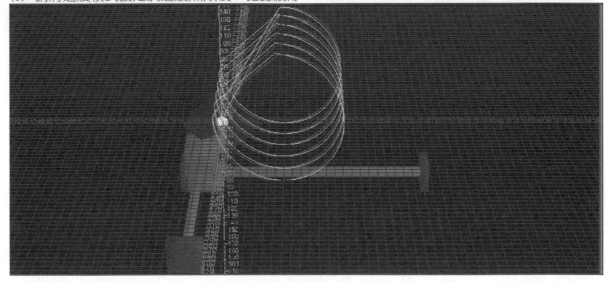

備忘頁

第９章

範　例

9 - 1　直線補間 150
9 - 2　電子凸輪功能 159
9 - 3　抑制震動控制 164

控制流程

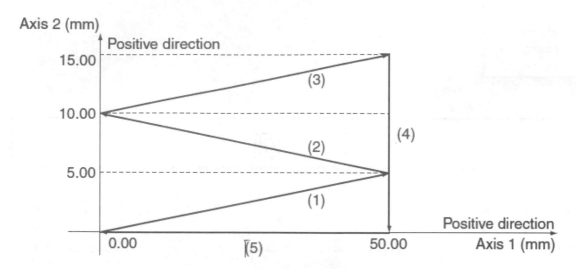

採用直線補間的順序(軸 1,軸 2)進行定位=(50.00mm,5.00mm)→
(0.00mm,10.00mm)→(50.00mm,15.00mm)→(50.00mm,0.00mm)→
(0.00mm,0.00mm),然後停止。

1. Grp_Start 為 True 時,則群組成立。

2. Grp_Liner_Start 為 True 時,則啟動直線補間動作。

 PS. 其 Servo ON、原點復歸、正反轉 皆以前例為例

主要變數表(內/外變數)

內部變數表

GRP_EN	MC_GroupEnable	
Grp_En_D	BOOL	群組_Enable_Ok
GRP_DIS	MC_GroupDisable	
Grp_Start	BOOL	群組啟動
Grp_Liner_Start	BOOL	直線補間啟動
Grp_En_Busy	BOOL	群組_忙碌
Grp_En_Ca	BOOL	
Grp_En_Err	BOOL	群組_異常
Grp_En_ErrID	WORD	群組_異常碼
InitFlag	BOOL	資料寫入

MV_LIN1	MC_MoveLinear	
Mv_Lin1_Pos	ARRAY[0..3] OF LREAL	第一段位置
Mv_Lin1_Vel	LREAL	第一段速度
Mv_Lin1_Acc	LREAL	第一段加速度
Mv_Lin1_Dec	LREAL	第一段減速度
Mv_Lin1_Mm	_eMC_MOVE_MODE	第一段移動模式
Mv_Lin1_D	BOOL	第一段定位完了
Mv_Lin1_Busy	BOOL	第一段_忙碌
Mv_Lin1_Act	BOOL	第一段_執行完了
Mv_Lin1_Ca	BOOL	
Mv_Lin1_Err	BOOL	第一段_異常
Mv_Lin1_ErrID	WORD	第一段_異常碼
MV_LIN2	MC_MoveLinear	
Mv_Lin2_Pos	ARRAY[0..3] OF LREAL	第二段位置
Mv_Lin2_Vel	LREAL	第二段速度
Mv_Lin2_Acc	LREAL	第二段加速度
Mv_Lin2_Dec	LREAL	第二段減速度
Mv_Lin2_Mm	_eMC_MOVE_MODE	第二段移動模式
Mv_Lin2_Busy	BOOL	第二段_忙碌
Mv_Lin2_Act	BOOL	第二段_執行完了
Mv_Lin2_Ca	BOOL	
Mv_Lin2_Err	BOOL	第二段_異常
Mv_Lin2_ErrID	WORD	第二段_異常碼
Mv_Lin2_D	BOOL	第二段定位完了
MV_LIN3	MC_MoveLinear	
Mv_Lin3_Pos	ARRAY[0..3] OF LREAL	第三段位置
Mv_Lin3_Vel	LREAL	第三段速度
Mv_Lin3_Acc	LREAL	第三段加速度
Mv_Lin3_Dec	LREAL	第三段減速度
Mv_Lin3_Mm	_eMC_MOVE_MODE	第三段移動模式
Mv_Lin3_Busy	BOOL	第三段_忙碌
Mv_Lin3_Act	BOOL	第三段_執行完了
Mv_Lin3_Ca	BOOL	
Mv_Lin3_Err	BOOL	第三段_異常
Mv_Lin3_ErrID	WORD	第三段_異常碼
Mv_Lin3_D	BOOL	第三段定位完了

MV_LIN4	MC_MoveLinear	
Mv_Lin4_Pos	ARRAY[0..3] OF LREAL	第四段位置
Mv_Lin4_Vel	LREAL	第四段速度
Mv_Lin4_Acc	LREAL	第四段加速度
Mv_Lin4_Dec	LREAL	第四段減速度
Mv_Lin4_Busy	BOOL	第四段_忙碌
Mv_Lin4_Act	BOOL	第四段_執行完了
Mv_Lin4_Ca	BOOL	
Mv_Lin4_Err	BOOL	第四段_異常
Mv_Lin4_ErrID	WORD	第四段_異常碼
Mv_Lin4_Mm	_eMC_MOVE_MODE	第四段移動模式
Mv_Lin4_D	BOOL	第四段定位完了
MV_LIN5	MC_MoveLinear	
Mv_Lin5_Pos	ARRAY[0..3] OF LREAL	第五段位置
Mv_Lin5_Vel	LREAL	第五段速度
Mv_Lin5_Acc	LREAL	第五段加速度
Mv_Lin5_Dec	LREAL	第五段減速度
Mv_Lin5_Mm	_eMC_MOVE_MODE	第五段移動模式
Mv_Lin5_Busy	BOOL	第五段_忙碌
Mv_Lin5_Act	BOOL	第五段_執行完了
Mv_Lin5_Ca	BOOL	
Mv_Lin5_Err	BOOL	第五段_異常
Mv_Lin5_ErrID	WORD	第五段_異常碼
Mv_Lin5_D	BOOL	第五段定位完了
Mv_Lin2_Bm	_eMC_BUFFER_MODE	第二段執行模式
Mv_Lin3_Bm	_eMC_BUFFER_MODE	第三段執行模式
Mv_Lin4_Bm	_eMC_BUFFER_MODE	第四段執行模式
Mv_Lin5_Bm	_eMC_BUFFER_MODE	第五段執行模式

外部變數表

MC_Axis000	_sAXIS_REF	Axis1
MC_Axis001	_sAXIS_REF	Axis2
MC_Group000	_sGROUP_REF	群組
CamProfile0	ARRAY [0..30000] OF _sMC_CAM_REF	

EtherCAT 節點位址/網路設定

軸設定

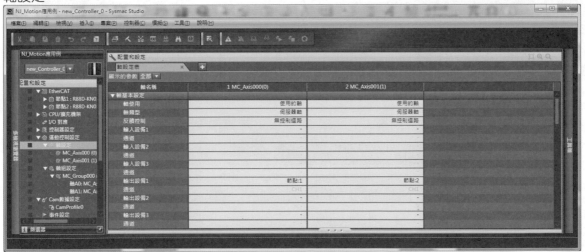

電子齒輪比基本設定（跟機構參數相對應）

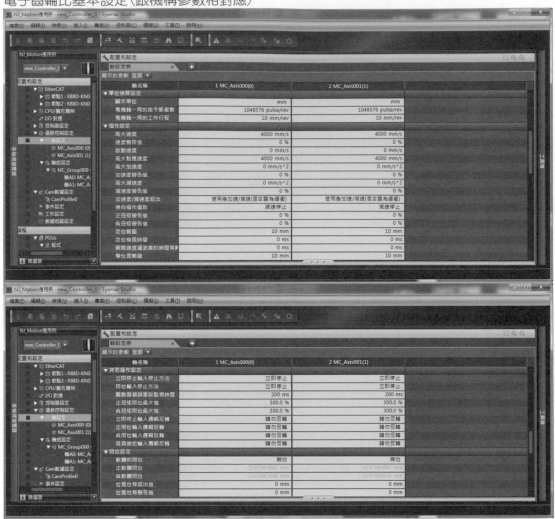

原點復歸參數設定、位置計數模式

直線補間程式：

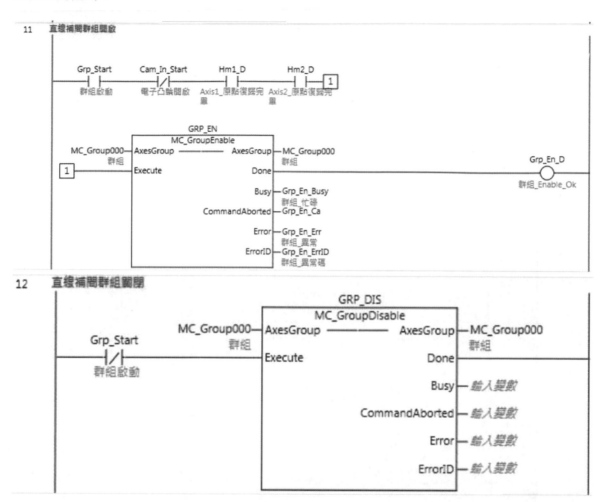

13 直線補間資料寫入

InitFlag
──┤/├──────[1]
資料寫入

[1]

```
1   // MV_LIN1 parameters
2   Mv_Lin1_Pos[0] := LREAL#50.0;
3   Mv_Lin1_Pos[1] := LREAL#5.0;
4   Mv_Lin1_Vel := LREAL#100.0;
5   Mv_Lin1_Acc := LREAL#100.0;
6   Mv_Lin1_Dec := LREAL#100.0;
7   Mv_Lin1_Mm := _eMC_MOVE_MODE#_mcAbsolute;
8   // MV_LIN2 parameters
9   Mv_Lin2_Pos[0] := LREAL#0.0;
10  Mv_Lin2_Pos[1] := LREAL#10.0;
11  Mv_Lin2_Vel := LREAL#100.0;
12  Mv_Lin2_Acc := LREAL#100.0;
13  Mv_Lin2_Dec := LREAL#100.0;
14  Mv_Lin2_Bm := _eMC_BUFFER_MODE#_mcBuffered;
15  Mv_Lin2_Mm := _eMC_MOVE_MODE#_mcAbsolute;
16  // MV_LIN3 parameters
17  Mv_Lin3_Pos[0] := LREAL#50.0;
18  Mv_Lin3_Pos[1] := LREAL#15.0;
19  Mv_Lin3_Vel := LREAL#100.0;
20  Mv_Lin3_Acc := LREAL#100.0;
21  Mv_Lin3_Dec := LREAL#100.0;
22  Mv_Lin3_Bm := _eMC_BUFFER_MODE#_mcBuffered;
23  Mv_Lin3_Mm := _eMC_MOVE_MODE#_mcAbsolute;
24  // MV_LIN4 parameters
25  Mv_Lin4_Pos[0] := LREAL#50.0;
26  Mv_Lin4_Pos[1] := LREAL#0.0;
27  Mv_Lin4_Vel := LREAL#100.0;
28  Mv_Lin4_Acc := LREAL#100.0;
29  Mv_Lin4_Dec := LREAL#100.0;
30  Mv_Lin4_Bm := _eMC_BUFFER_MODE#_mcBuffered;
31  Mv_Lin4_Mm := _eMC_MOVE_MODE#_mcAbsolute;
32  // MV_LIN5 parameters
33  Mv_Lin5_Pos[0] := LREAL#0.0;
34  Mv_Lin5_Pos[1] := LREAL#0.0;
35  Mv_Lin5_Vel := LREAL#100.0;
36  Mv_Lin5_Acc := LREAL#100.0;
37  Mv_Lin5_Dec := LREAL#100.0;
38  Mv_Lin5_Bm := _eMC_BUFFER_MODE#_mcBuffered;
39  Mv_Lin5_Mm := _eMC_MOVE_MODE#_mcAbsolute;
40  // InitFlag is changed to TRUE after input parameters are set.
41  InitFlag := TRUE;
```

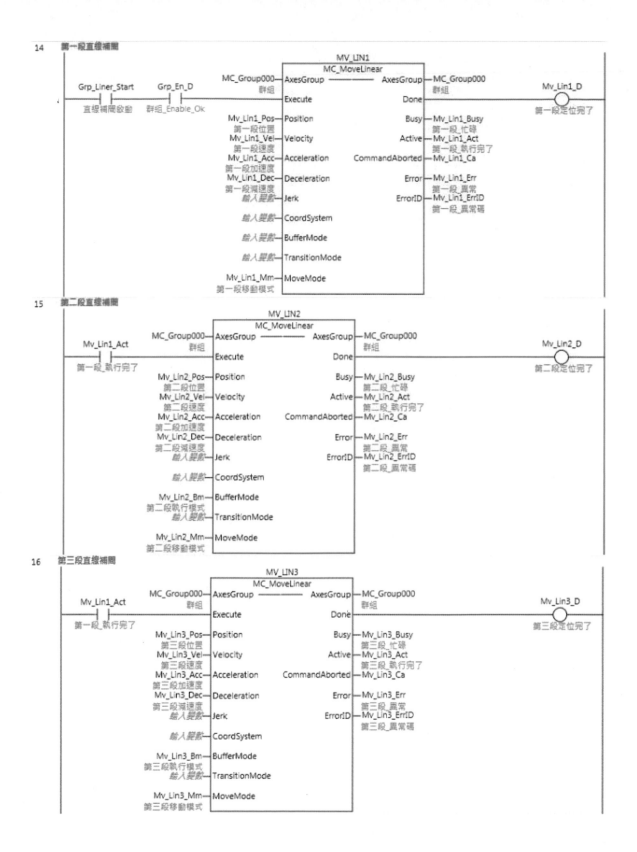

14 第一段直線補間

Grp_Liner_Start 直線補間啟動
Grp_En_D 群組_Enable_Ok

MV_LIN1
MC_MoveLinear
MC_Group000 群組 — AxesGroup   AxesGroup — MC_Group000 群組
— Execute   Done — Mv_Lin1_D 第一段定位完了
Mv_Lin1_Pos 第一段位置 — Position   Busy — Mv_Lin1_Busy 第一段_忙碌
Mv_Lin1_Vel 第一段速度 — Velocity   Active — Mv_Lin1_Act 第一段_執行完了
Mv_Lin1_Acc 第一段加速度 — Acceleration   CommandAborted — Mv_Lin1_Ca
Mv_Lin1_Dec 第一段減速度 — Deceleration   Error — Mv_Lin1_Err 第一段_異常
輸入契款 — Jerk   ErrorID — Mv_Lin1_ErrID 第一段_異常碼
輸入契款 — CoordSystem
輸入契款 — BufferMode
輸入契款 — TransitionMode
Mv_Lin1_Mm 第一段移動模式 — MoveMode

15 第二段直線補間

Mv_Lin1_Act 第一段_執行完了

MV_LIN2
MC_MoveLinear
MC_Group000 群組 — AxesGroup   AxesGroup — MC_Group000 群組
— Execute   Done — Mv_Lin2_D 第二段定位完了
Mv_Lin2_Pos 第二段位置 — Position   Busy — Mv_Lin2_Busy 第二段_忙碌
Mv_Lin2_Vel 第二段速度 — Velocity   Active — Mv_Lin2_Act 第二段_執行完了
Mv_Lin2_Acc 第二段加速度 — Acceleration   CommandAborted — Mv_Lin2_Ca
Mv_Lin2_Dec 第二段減速度 — Deceleration   Error — Mv_Lin2_Err 第二段_異常
輸入契款 — Jerk   ErrorID — Mv_Lin2_ErrID 第二段_異常碼
輸入契款 — CoordSystem
Mv_Lin2_Bm 第二段執行模式 — BufferMode
輸入契款 — TransitionMode
Mv_Lin2_Mm 第二段移動模式 — MoveMode

16 第三段直線補間

Mv_Lin1_Act 第一段_執行完了

MV_LIN3
MC_MoveLinear
MC_Group000 群組 — AxesGroup   AxesGroup — MC_Group000 群組
— Execute   Done — Mv_Lin3_D 第三段定位完了
Mv_Lin3_Pos 第三段位置 — Position   Busy — Mv_Lin3_Busy 第三段_忙碌
Mv_Lin3_Vel 第三段速度 — Velocity   Active — Mv_Lin3_Act 第三段_執行完了
Mv_Lin3_Acc 第三段加速度 — Acceleration   CommandAborted — Mv_Lin3_Ca
Mv_Lin3_Dec 第三段減速度 — Deceleration   Error — Mv_Lin3_Err 第三段_異常
輸入契款 — Jerk   ErrorID — Mv_Lin3_ErrID 第三段_異常碼
輸入契款 — CoordSystem
Mv_Lin3_Bm 第三段執行模式 — BufferMode
輸入契款 — TransitionMode
Mv_Lin3_Mm 第三段移動模式 — MoveMode

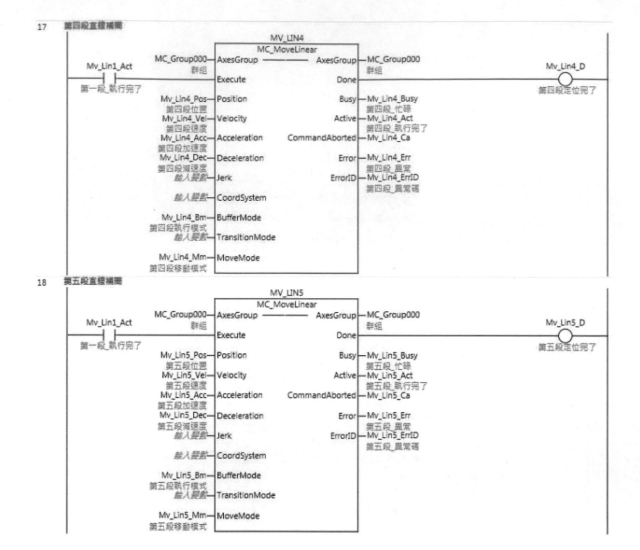

17 第四段直線補間

```
                                    MV_LIN4
                                MC_MoveLinear
                    MC_Group000 ─ AxesGroup        AxesGroup ─ MC_Group000
    Mv_Lin1_Act         群組                                      群組             Mv_Lin4_D
    ─┤├─                         Execute                Done                    ─○─
    第一段_執行完了                                                                  第四段定位完了
                    Mv_Lin4_Pos ─ Position             Busy ─ Mv_Lin4_Busy
                    第四段位置                                    第四段_忙碌
                    Mv_Lin4_Vel ─ Velocity           Active ─ Mv_Lin4_Act
                    第四段速度                                    第四段_執行完了
                    Mv_Lin4_Acc ─ Acceleration  CommandAborted ─ Mv_Lin4_Ca
                    第四段加速度
                    Mv_Lin4_Dec ─ Deceleration        Error ─ Mv_Lin4_Err
                    第四段減速度                                   第四段_異常
                        輸入變數 ─ Jerk              ErrorID ─ Mv_Lin4_ErrID
                                                                第四段_異常碼
                        輸入變數 ─ CoordSystem

                     Mv_Lin4_Bm ─ BufferMode
                    第四段執行模式
                        輸入變數 ─ TransitionMode

                     Mv_Lin4_Mm ─ MoveMode
                    第四段移動模式
```

18 第五段直線補間

```
                                    MV_LIN5
                                MC_MoveLinear
                    MC_Group000 ─ AxesGroup        AxesGroup ─ MC_Group000
    Mv_Lin1_Act         群組                                      群組             Mv_Lin5_D
    ─┤├─                         Execute                Done                    ─○─
    第一段_執行完了                                                                  第五段定位完了
                    Mv_Lin5_Pos ─ Position             Busy ─ Mv_Lin5_Busy
                    第五段位置                                    第五段_忙碌
                    Mv_Lin5_Vel ─ Velocity           Active ─ Mv_Lin5_Act
                    第五段速度                                    第五段_執行完了
                    Mv_Lin5_Acc ─ Acceleration  CommandAborted ─ Mv_Lin5_Ca
                    第五段加速度
                    Mv_Lin5_Dec ─ Deceleration        Error ─ Mv_Lin5_Err
                    第五段減速度                                   第五段_異常
                        輸入變數 ─ Jerk              ErrorID ─ Mv_Lin5_ErrID
                                                                第五段_異常碼
                        輸入變數 ─ CoordSystem

                     Mv_Lin5_Bm ─ BufferMode
                    第五段執行模式
                        輸入變數 ─ TransitionMode

                     Mv_Lin5_Mm ─ MoveMode
                    第五段移動模式
```

9-2 電子凸輪功能

動作控制

主軸(mm)

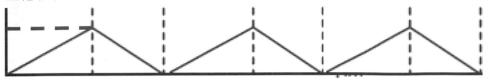

從軸(mm)

1. MC_Axis000：主軸、單位：mm、循環模式(Rotary Mode)；
   MC_Axis001：從軸、單位：mm、線性模式(Linear Mode)。
2. Cam_In_Start 為 True 時，則電子 CAM 成立。
3. Cam_Start 為 True 時，則主軸(MC_Axis000)執行速度控制
   (MC_SyncMoveVelocity)，則從軸(MC_Axis001)會執行 CAM 動作(如上述
   圖動作)。

PS. 其 Servo ON、原點復歸、正反轉 皆以前例為例

主要變數表(內/外變數)

內部變數表

Cam_In_Start	BOOL	電子凸輪開啟
Cam_In	MC_CamIn	
Cam_Start	BOOL	電子凸輪動作啟動
Cam_MoveVel	MC_SyncMoveVelocity	
Cam_Vel	LREAL	電子凸輪速度
Cam_Out	MC_CamOut	

外部變數表

MC_Axis000	_sAXIS_REF	Axis1
MC_Axis001	_sAXIS_REF	Axis2
MC_Group000	_sGROUP_REF	群組
CamProfile0	ARRAY [0..30000] OF _sMC_CAM_REF	

EtherCAT 節點位址/網路設定

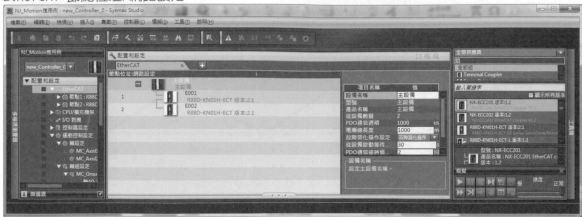

軸設定

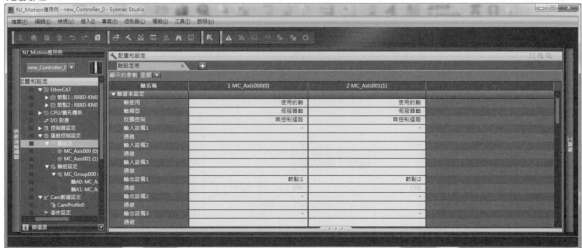

電子齒輪比基本設定(跟機構參數相對應)

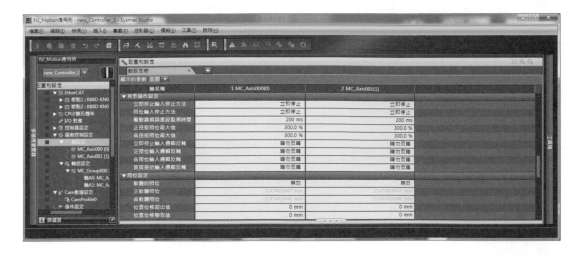

原點復歸參數設定、位置計數模式

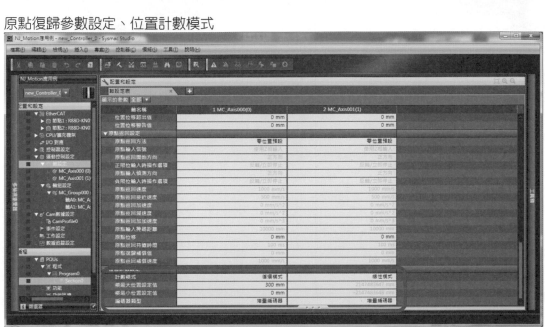

CAM 編輯表

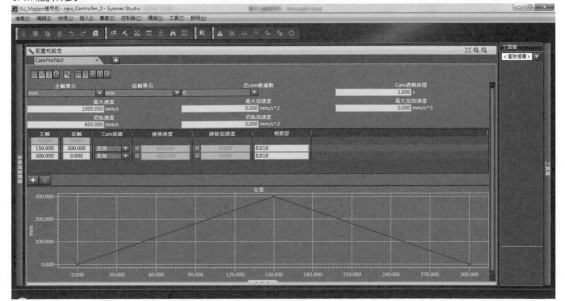

電子凸輪程式：

電子凸輪開啟

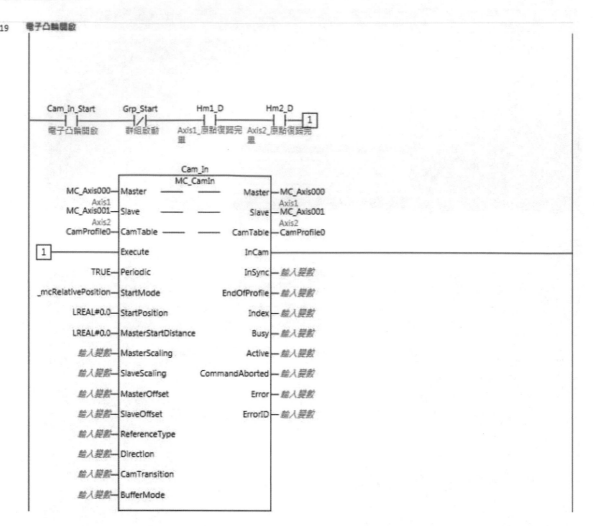

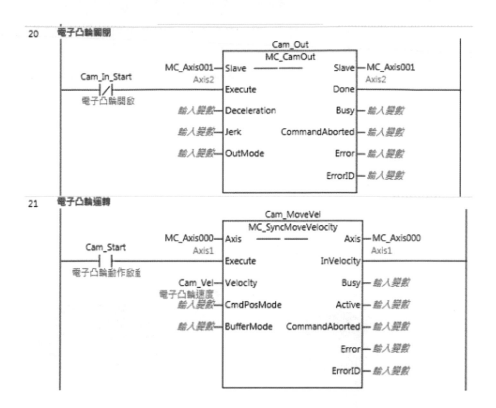

20　電子凸輪關閉

```
                              Cam_Out
                              MC_CamOut
          MC_Axis001 ─ Slave  ─────  Slave ─ MC_Axis001
Cam_In_Start    Axis2                        Axis2
 ─┤/├─          ─ Execute              Done ─
電子凸輪開啟
       輸入變數 ─ Deceleration         Busy ─ 輸入變數
       輸入變數 ─ Jerk        CommandAborted ─ 輸入變數
       輸入變數 ─ OutMode             Error ─ 輸入變數
                                    ErrorID ─ 輸入變數
```

21　電子凸輪運轉

```
                           Cam_MoveVel
                        MC_SyncMoveVelocity
          MC_Axis000 ─ Axis  ─────  Axis ─ MC_Axis000
Cam_Start       Axis1                       Axis1
 ─┤ ├─          ─ Execute        InVelocity ─
電子凸輪動作啟動
      Cam_Vel ─ Velocity              Busy ─ 輸入變數
電子凸輪速度
      輸入變數 ─ CmdPosMode          Active ─ 輸入變數
      輸入變數 ─ BufferMode  CommandAborted ─ 輸入變數
                                    Error ─ 輸入變數
                                   ErrorID ─ 輸入變數
```

9-3 抑制震動控制

(1) 概要

　　機械裝置的先端有震動時、可使用制震功能降低震動。　特別是機械的剛性低的場合、

　　振動越是明顯。能適用的頻率範圍 1 ～ 200Hz。

　　4 個可設定的**頻率**中、最多可同時使用 2 個。

(2) 振動子的裝設

　　Y 軸在 140 mm的動作下、請照以下方式操作。

　　由於、振動子的裝設很高，高速移動下會產生震動。

位置改變，震動週波數也跟著改變

<設定順序>

① 多檢視瀏覽器的[設定和安裝]→[EtherCAT]→設定對象之子局上點選滑鼠右鍵，選擇
[阻尼控制]。

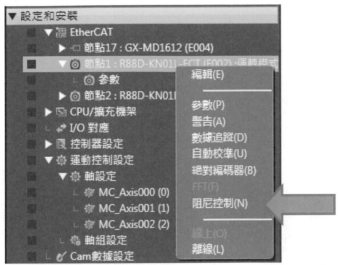

② 測量震動發生時之共振頻率。

此功能只能在 Sysmac　Studio 連線時使用，驅動器也必須在線上時才可以執行。

運轉模式下、進行 X 軸之操作。

設定位置140 mm、速度 2000 (mm/s)、加速度15000 (mm/s^2)、躍進337500 (mm/s^3)。

首先以絕對移動方式至 140mm 的位置後，再進行高速原點返回，此時發生震動下測量震動頻
率 7.9，並設定到阻尼頻率 1 中。

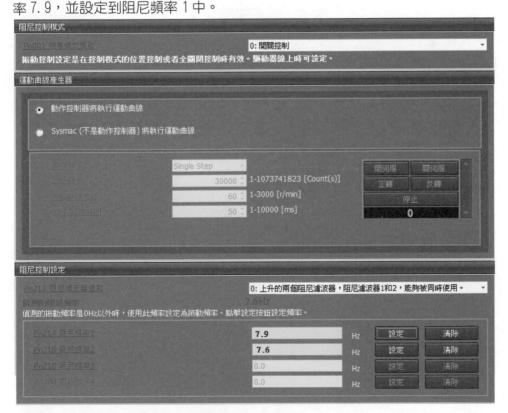

③ 比較動作後再往 140mm 作絕對移動，確認高速原點返回之執行效果。 如果效果不好，再測量一次共震頻率，並設定在阻尼頻率 2 中，再進行動作確認。

阻尼頻率 3 及阻尼頻率 4 可使用手動設定。

附錄

伺服控制基本知識

附-1 伺服馬達 168

附-2 位置控制方式 170

附-3 旋轉編碼器 171

附-4 剛性 173

附-5 系統定義變數 173

附-1 伺服馬達

(1) 馬達的種類

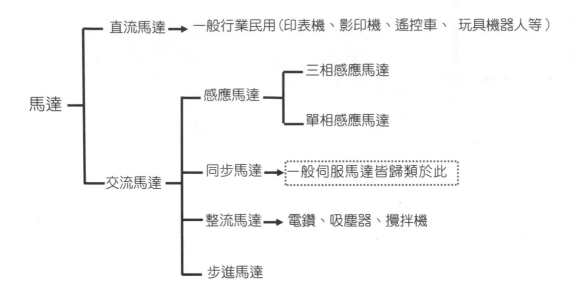

- 馬達
  - 直流馬達 → 一般行業民用（印表機、影印機、遙控車、玩具機器人等）
  - 交流馬達
    - 感應馬達
      - 三相感應馬達
      - 單相感應馬達
    - 同步馬達 → 一般伺服馬達皆歸類於此
    - 整流馬達 → 電鑽、吸塵器、攪拌機
    - 步進馬達

（注）最近比較受到注目之"PM馬達"在以上分類中屬"同步馬達"、也就是說集合了感應馬達之優點（特別是價格方面）與同步馬達之優點（同步回轉）。

■同步交流伺服馬達利用繞有線圈之轉子的磁長沿著永久磁鐵而轉動，在強力的磁場牽引下完全同步，因此可平順的迴轉，在安靜地情況下即使高轉速也可高轉矩。就伺服馬達而言大部分都使用同步方式。感應馬達會發生定子(線圈)產生之磁場與轉子間偏移，並不適用於定位控制，而同步馬達不會偏移為其特色。

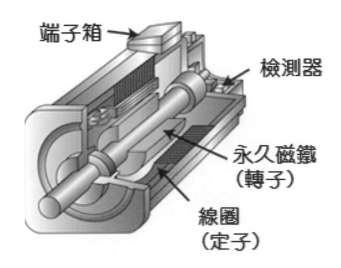

端子箱
檢測器
永久磁鐵
（轉子）
線圈
（定子）

168

(2)　馬達的轉向：

JIS 之規範中、由馬達後面觀測，順時針時稱為 CW(Clockwise)、逆時針時稱為 CCW(Counter Clockwise)、然實際業界中就製造商與商品之不同而定義不一。

弊公司 G5 系列、由負載端觀測，順時針時為 CW、逆時針時為 CCW。

（詳細說明請參照 G5 系列操作手冊）

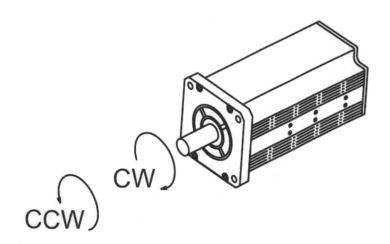

附-2 位置控制方式

位置定位控制方式由回饋方式的不同可分為 3 種，如下：

① 開迴路方式

在沒有回饋的方式下，相當於步進馬達。

由於構造簡單故價格便宜，沒有回饋訊號下，如同步進馬達無法確認是否實際依照指令動作，因此會發生指令位置與現在位置偏移等脫鉤現象。

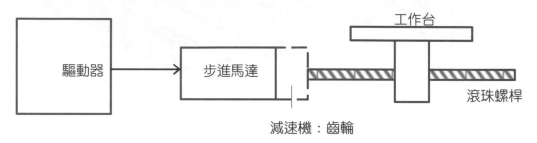

② 半閉迴路

藉由旋轉編碼器回饋伺服馬達的動作，OMRON 的伺服系統全部採用此方式。

滾珠螺桿及正時皮帶之機構所伴隨之誤差因無法回饋，故採用半閉迴路等說法表示。

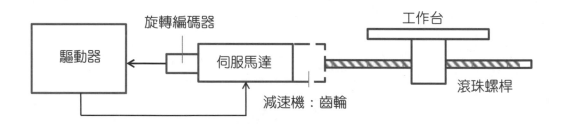

③ 全閉迴路

藉由滾珠螺桿部分搭配光學尺（編碼器），上述所說誤差也作回饋。可呈現最佳精度，價格相對較高。

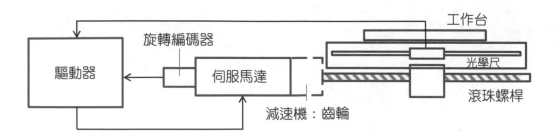

附-3 旋轉編碼器

為了掌握馬達迴轉狀態所採用之設備。有增量型及絕對型兩種。

因增量型編碼器所產生之脈衝在驅動器中計數,當外部電源中斷時,將遺失位置數據,需適當執行『原點回歸』。

對絕對型編碼器而言位置數據以絕對位置(角度)輸出,而且回轉數也會經由電池備份,其特色即不會因為外部電源中斷,遺失位置數據。

當刻有狹縫的碟片一旦旋轉時,隨著狹縫,有的光將穿透狹縫,有的光將被遮蔽。

受光元件將穿透的光轉換為電氣訊號,藉此檢出迴轉數及迴轉方向。小型、高分解能之
光電式常被使用,在油等使用環境下被稱作 Resolver 的磁式編碼器也被使用。

(1) 增量型

　　利用 A 相、B 相狹縫及一轉的 Z 相,可檢出
　　伺服馬達之回轉數與回轉方向。

　　增量型編碼器使用時,啟動時必須先進行
　　原點返回作業,價格較絕對型便宜。

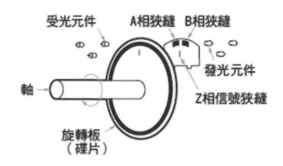

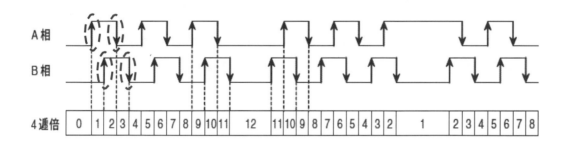

　　利用 A 相、B 相之上微分、下微分與位相(4 倍數),可得到高解析度。即使位相 90° 偏移
下也能知道迴轉方向。

　　而且,與上面不同因為內有 Z 相(1 轉 1 個脈衝輸出),通常被原點返回拿來作使用。

171

(2) 絕對型

　　絕對型編碼器是多迴轉類型絕對值編碼器。利用電池備份位置數據，重新送電後絕對位置會被記憶住，執行一次原點決定後，就無須再設定。比增量型還貴。最近使用絕對型的案件越來越多。

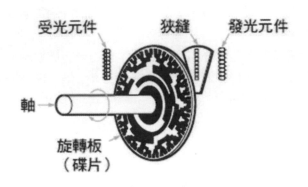

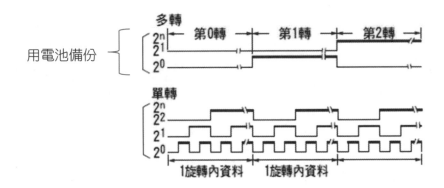

附-4 剛性

所謂剛性為物體在承受外力下仍能維持原來的形狀之性質。剛性越大則維持原本外型之能力越高。

剛性越低則對於外力又伸又縮,很容易發生共振。剛性太低很難控制。滾珠螺桿屬剛性高、正時皮帶屬於剛性低機械。

剛性很低與建構有類如伺服馬達之回饋回路在控制時,容易發生共振。為了預防共振響應力必須去除,為了對付共振,伺服馬達要有自適應濾波器、凹陷濾波器震動抑制功能。

剛性高機械

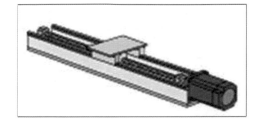

剛性低機械

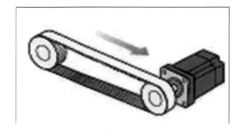

附-5 系統定義變數

系統定義變數是由系統指派的特定功能。這些變數事先在全局變數表內登錄，或在每個 POU 的區域變數表內登錄。

這些變數無法變更。有些變數的開頭為一條底線，有些則以「P_」開頭。

有些系統定義變數為唯讀，有些可供讀取／寫入。

您可透過使用者程式、從外部裝置進行通訊、Sysmac Studio 或 NS 系列 PT 等方式，讀取及寫入變數。

基本上，系統定義變數是根據機能模組進行分類。變數的開頭使用以下類別名稱。

機能模組	類別名稱
NJ 系列控制器的系統定義整體	_無
PLC 機能模組	_PLC
	_CJB
運動控制機能模組	_MC
EtherCAT 主局機能模組	_EC
EtherNet/IP 機能模組	_EIP

變數詳述於本附錄的表格內，如下所示。

變數名稱	意義	功能	資料類型	數值範圍
此為系統定義變數名稱。用類別名稱為起頭。	此為變數的意義。	說明變數的功能。	提供變數的資料類型。	提供變數可使用的值範圍。

變數名稱欄中之括號內版本，代表加入系統定義變數時的 CPU 模組版本。

整體 NJ 系列控制器的系統定義變數（無類別）

■ 功能類別：時鐘有關

變數名稱	意義	功能	資料類型	數值範圍
_CurrentTime	系統時間	包含 CPU 的內部時鐘資料。	DATE_AND_TIME	DT#1970-01-01-00:00:00 ～ DT#2106-02-06-23:59:59

■ 功能類別：TASK 有關

變數名稱	意義	功能	資料類型	數值範圍
TaskName Active	Task 執行旗標	Task 執行時為 TRUE Task 不執行時為 FALSE (注)您無法在使用者程式中使用此系統定義變數。僅有在 Sysmac Studio 追蹤資料時，存取 Task 狀態才能使用。	BOOL	TRUE 或 FALSE
TaskName LastExecTime	上一次 Task 執行時間	包含上次執行 Task 的執行時間(單位：0.1μs) (注)您無法在使用者程式中使用此系統定義變數。僅有在 Sysmac Studio 追蹤資料時，存取 Task 狀態才能使用。	TIME	依照資料類型
TaskName MaxExecTime	最大 Task 執行時間	包含 Task 執行時間的最大值 (單位：0.1μs) (注)您無法在使用者程式中使用此系統定義變數。僅有在 Sysmac Studio 追蹤資料時，存取 Task 狀態才能使用。	TIME	依照資料類型
TaskName MinExecTime	最小 Task 執行時間	包含 Task 執行時間的最小值 (單位：0.1μs) (注)您無法在使用者程式中使用此系統定義變數。僅有在 Sysmac Studio 追蹤資料時，存取 Task 狀態才能使用。	TIME	依照資料類型
TaskName ExecCount	Task 執行計數	包含 Task 的執行次數。 如果超過 4294967295，數值會回到 0 並繼續計數。 (注)您無法在使用者程式中使用此系統定義變數。僅有在 Sysmac Studio 追蹤資料時，存取 Task 狀態才能使用。	UDINT	依照資料類型
TaskName Exceeded	超過 Task 週期旗標	超過 Task 週期時為 TRUE。 Task 在 Task 週期內完成時為 FALSE。 (注)您無法在使用者程式中使用此系統定義變數。僅有在 Sysmac Studio 追蹤資料時，存取 Task 狀態才能使用。	BOOL	TRUE 或 FALSE
TaskName ExceedCount	超過 Task 週期計數	包含超過 Task 週期的次數。 如果目前值超過資料類型的最大值，目前值會回到 0 並繼續計數。 如果超過 4294967295，數值會回到 0 並繼續計數。 (注)您無法在使用者程式中使用此系統定義變數。僅有在 Sysmac Studio 追蹤資料時，存取 Task 狀態才能使用。	UDINT	依照資料類型

■ 功能類別：錯誤異常有關

變數名稱	意義	功能	資料類型	數值範圍
_ErrSta	控制器異常狀態	控制器發生異常時為 TRUE 控制器未發生異常時為 FALSE (注)從即時性和與表示各機能模組異常原因的狀態之間的同時性來看，無法用於使用者程式。僅用於透過通訊從外部查看狀態的場合。各錯誤狀態位元的含義請參閱本附錄結尾資料。	WORD	16#0000～ 16#C0F0
_AlarmFlag	使用者定義異常狀態	發生使用者定義異常時，事件錯誤等級對應的位元變為 TURE。 User fault Level 1 至 8 對應 00 至 07 位元。 未發生使用者異常時，變為 16 進制 0000。	WORD	16#0000～ 16#00FF

■ 功能類別：SD 記憶卡有關

變數名稱	意義	功能	資料類型	數值範圍
_Card1Ready	可使用 SD 記憶卡旗標	可識別 SD 記憶卡時為 TRUE。 無法識別 SD 記憶卡時為 FALSE。 TRUE：可使用 FALSE：不可使用	BOOL	TRUE 或 FALSE
_Card1Protect	SD 記憶卡寫入保護旗標	SD 記憶卡的開關置於 LOCK 位置（寫入保護）時為 TRUE。 TRUE：有寫入保護 FALSE：無寫入保護	BOOL	TRUE 或 FALSE
_Card1Err	SD 記憶卡異常旗標	安裝了無法使用的 SD 記憶卡或格式異常時為 TRUE。 TRUE：發生異常 FALSE：無異常	BOOL	TRUE 或 FALSE
_Card1Access	SD 記憶卡存取旗標	存取 SD 記憶卡時為 TRUE TRUE：存取中 FALSE：非存取中 本旗標每 100ms 隨系統更新一次。因此，將 SD 記憶卡的讀取狀態反應到本旗標的時間最多會延遲 100ms。不建議用於使用者程式。	BOOL	TRUE 或 FALSE
_Card1Deteriorated	SD 記憶卡使用壽命警告旗標	檢測 SD 記憶卡的使用壽命到達上限時為 TRUE。 TRUE：SD 記憶卡的使用壽命已超過上限 FALSE：SD 記憶卡的使用壽命未達上限	BOOL	TRUE 或 FALSE
_Card1PowerFail	SD 記憶卡電源中斷旗標	存取 SD 記憶卡時，若發生 CPU 電源中斷則為 TRUE TRUE：存取 SD 記憶卡時電源中斷 FALSE：正常	BOOL	TRUE 或 FALSE

變數名稱 成員	意義	功能	資料類型	數值範圍
_Card1BkupCmd (Ver. 1.03)	SD 記憶卡備份指令		_sBKUP_CMD	
ExecBkup	執行備份旗標	將控制器數值備份至 SD 記憶卡時設為 TRUE。 **(注)** 您無法在使用者程式中使用此系統定義變數。此變數用於 CIP 訊息通訊從 HMI 或上位電腦傳送指令時。	BOOL	TRUE 或 FALSE
CancelBkup	取消備份旗標	中止備份到 SD 記憶卡時設為 TRUE。 **(注)** 您無法在使用者程式中使用此系統定義變數。此變數用於 CIP 訊息通訊從 HMI 或上位電腦傳送指令時。	BOOL	TRUE 或 FALSE
ExecVefy	執行校驗旗標	校驗控制器和 SD 記憶卡內的備份文件時設為 TRUE。 **(注)** 您無法在使用者程式中使用此系統定義變數。此變數用於 CIP 訊息通訊從 HMI 或上位電腦傳送指令時。	BOOL	TRUE 或 FALSE
CancelVefy	取消校驗旗標	中止校驗控制器和 SD 記憶卡內的備份文件時設為 TRUE。 **(注)** 您無法在使用者程式中使用此系統定義變數。此變數用於 CIP 訊息通訊從 HMI 或上位電腦傳送指令時。	BOOL	TRUE 或 FALSE
DirName	目錄名稱	指定備份或比較資料時的 SD 記憶卡目錄名稱。 **(注)** 您無法在使用者程式中使用此系統定義變數。此變數用於 CIP 訊息通訊從 HMI 或上位電腦傳送指令時。	STRING(64)	依照資料類型

變數名稱 成員	意義	功能	資料類型	數值範圍
_Card1BkupSta (Ver. 1. 03)	SD 記憶卡 備份狀態		_sBKUP_STA	
Done	完成旗標	備份執行完成時為 TRUE。 (注)您無法在使用者程式中使用此系統 　　定義變數。此變數用於 CIP 訊息通 　　訊從 HMI 或上位電腦傳送指令時。	BOOL	TRUE 或 FALSE
Active	執行旗標	備份執行時為 TRUE。 (注)您無法在使用者程式中使用此系統 　　定義變數。此變數用於 CIP 訊息通 　　訊從 HMI 或上位電腦傳送指令時。	BOOL	TRUE 或 FALSE
Err	錯誤旗標	備份處理異常結束時為 TRUE。 (注)您無法在使用者程式中使用此系統 　　定義變數。此變數用於 CIP 訊息通 　　訊從 HMI 或上位電腦傳送指令時。	BOOL	TRUE 或 FALSE
_Card1VefySta (Ver. 1. 03)	SD 記憶卡 校驗狀態		_sVEFY_STA	
Done	完成旗標	校驗執行完成時為 TRUE。 (注)您無法在使用者程式中使用此系統 　　定義變數。此變數用於 CIP 訊息通 　　訊從 HMI 或上位電腦傳送指令時。	BOOL	TRUE 或 FALSE
Active	執行旗標	執行校驗時為 TRUE。 (注)您無法在使用者程式中使用此系統 　　定義變數。此變數用於 CIP 訊息通 　　訊從 HMI 或上位電腦傳送指令時。	BOOL	TRUE 或 FALSE
VefyRslt	校驗結果 旗標	校驗結果一致時為 TRUE，結果不一致時 為 FALSE 。 (注)您無法在使用者程式中使用此系統 　　定義變數。此變數用於 CIP 訊息通 　　訊從 HMI 或上位電腦傳送指令時。	BOOL	TRUE 或 FALSE
Err	錯誤旗標	校驗處理異常結束時為 TRUE。 (注)您無法在使用者程式中使用此系統 　　定義變數。此變數用於 CIP 訊息通 　　訊從 HMI 或上位電腦傳送指令時。	BOOL	TRUE 或 FALSE

■ 功能類別：備份有關

變數名稱	意義	功能	資料類型	數值範圍
_BackupBusy (Ver. 1. 03)	備份功能執行	執行備份、復歸、校驗時為 TRUE。	BOOL	TRUE 或 FALSE

■ 功能類別：電源供應有關

變數名稱	意義	功能	資料類型	數值範圍
_PowerOnHour	通電時間	顯示通電時間。 以 1 小時為單位保存 CPU 的通電時間。 復歸此值請覆寫目前值為 0，數值達到 4294967295 時便不再更新。 電源 ON 時不進行初始化。	UDINT	0～4294967295
_PowerOnCount	斷電發生次數	顯示電源中斷的發生次數。 從 CPU 最初接通電源開始，按照電源中斷發生次數進行累計(+1)。 復歸此值請覆寫目前值為 0，數值達到 4294967295 時便不再更新。 電源 ON 時不進行初始化。	UDINT	0～4294967295
_RetainFail	斷電保持失敗旗標	以下情況變為 TRUE （斷電保持失敗）。 • 電源接通時，檢測電池備份記憶體過程中發生錯誤。 以下情形變為 FALSE（無斷電保持失敗） • 電源接通時，檢測電池備份記憶體過程中未發生錯誤。 • 下載使用者程式時。 • 執行記憶體全部清除時。 (注)無法保持絕對值編碼器原點位置偏移數值時，反應為軸變數異常狀態而非該旗標。	BOOL	TRUE 或 FALSE

■ 功能類別：程式設計有關

變數名稱	意義	功能	資料類型	數值範圍
P_On	永遠 ON 旗標	此旗標永遠為 TRUE。	BOOL	TRUE
P_Off	永遠 OFF 旗標	此旗標永遠為 FALSE。	BOOL	FALSE
P_CY	進位旗標	此旗標是透過某些指令更新。	BOOL	TRUE 或 FALSE
P_First_RunMode	第一次執行模式期間旗標	如果有程式正在執行，在 CPU 單元的操作模式從 PROGRAM 模式變更為 RUN 模式後，此旗標只會在一個 Task 週期內保持 TRUE。 如果沒有程式正在執行，此旗標會保持 FALSE。 當 CPU 單元開始運作時，使用此旗標執行初步處理。 **(注)** 您無法在 Functions 中使用此系統定義變數。	BOOL	TRUE 或 FALSE
P_First_Run (Ver. 1.08)	第一次程式模式期間旗標	此旗標會在程式開始執行後的一個 Task 週期內保持 TRUE。 當程式開始執行時，使用此旗標執行初步處理。 **(注)** 您無法在 Functions 中使用此系統定義變數。	BOOL	TRUE 或 FALSE
P_PRGER	指令錯誤旗標	當程式發生指令錯誤，或從程式呼叫的 Functions／Function Blocks 發生指令錯誤時，此旗標會改變並保持 TRUE。 當此旗標變為 TRUE 後，其會保持 TRUE 狀態，直到使用者程式將其變回 FALSE 為止。	BOOL	TRUE 或 FALSE

■ 功能類別：通訊有關

變數名稱	意義	功能	資料類型	數值範圍
_Port_numUsingPort	已使用連接埠數量	提供目前使用的內部邏輯連接埠的數量。對使用者程式執行偵錯時，可使用此變數。	USINT	0～32
_Port_isAvailable	網路通訊指令啟用旗標	指出有無可用的內部邏輯連接埠。有內部邏輯連接埠時為 TRUE，沒有則為 FALSE。	BOOL	FALSE 或 TRUE
_FINSTCPConnSta	FINS/TCP 連線狀態	提供 FINS/TCP 連線狀態。	WORD	16#0000～16#FFFF

■ 功能類別：版本管理有關

變數名稱	意義	功能	資料類型	數值範圍
_UnitVersion (Ver. 1.08)	模組版本	會儲存 CPU 模組的模組版本。 模組版本的整數部分, 是以項目編號0儲存。 模組版本的分數部分, 是以項目編號1儲存。 例 1) 如果模組版本為 1.08，則「1」是以項目編號 0 儲存，「8」是以項目編號 1 儲存。 例 2) 如果模組版本為 1.10，則「1」是以項目編號 0 儲存，「10」是以項目編號 1 儲存。	ARRAY [0..1] OF USINT	0～99

■ 功能類別：偵錯有關

變數名稱 / 成員	意義	功能	資料類型	數值範圍
_PLC_TraceSta [0..3]			_sTRACE_STA	
.IsStart	追蹤忙碌旗標	追蹤開始時為 TRUE。 (注)您無法在使用者程式中使用此系統定義變數，僅有在監控從 Sysmac Studio 追蹤之資料的狀態時才能使用。	BOOL	TRUE 或 FALSE
.IsComplete	追蹤完成旗標	追蹤結束時為 TRUE。 (注)您無法在使用者程式中使用此系統定義變數，僅有在監控從 Sysmac Studio 追蹤之資料的狀態時才能使用。	BOOL	TRUE 或 FALSE
.IsTrigger	追蹤觸發監控旗標	符合觸發條件時為 TRUE。 下次追蹤開始時為 FALSE。 (注)您無法在使用者程式中使用此系統定義變數，僅有在監控從 Sysmac Studio 追蹤之資料的狀態時才能使用。	BOOL	TRUE 或 FALSE
.ParamErr	追蹤參數錯旗標	追蹤開始、但追蹤設定出現錯誤時為 TRUE。 設定正常時為 FALSE。 (注) 您無法在使用者程式中使用此系統定義變數，僅有在監控從 Sysmac Studio 追蹤之資料的狀態時才能使用。	BOOL	TRUE 或 FALSE

■ 功能類別：異常有關

變數名稱	意義	功能	資料類型	數值範圍
_PLC_ErrSta	PLC 機能模組錯誤狀態	發生涉及 PLC 機能模組的控制器錯誤時為 TRUE。 未發生涉及 PLC 機能模組的控制器錯誤時為 FALSE。 有關錯誤狀態位元意義的詳細資訊，請參閱本附錄末兩頁。	WORD	16#0000～16#00F0

PLC 機能模組　類別名稱：CJB

■ 功能類別：I/O 匯流排狀態有關

變數名稱	意義	功能	資料類型	數值範圍
_CJB_MaxRackNo	最大機架編號	表示由控制器識別的擴展機架的最大機架編號。	UINT	0～3 0：表僅限於 CPU 機架
_CJB_MaxSlotNo	最大插槽編號	表示由控制器識別的 CJ 各機架模組的最大插槽編號 +1。	ARRAY [0..3] OF UINT	0～10 0：表示不安裝 CJ 模組

■ 功能類別：I/O 匯流排異常有關

變數名稱	意義	功能	資料類型	數值範圍
_CJB_ErrSta	I/O 匯流排異常狀態	I/O 匯流排異常狀態。 (注)從實時性來看，無法用於使用者程式。僅用於透過通訊從外部查看狀態時。各錯誤狀態位元的含義請參閱本附錄結尾資料。	WORD	16#0000～16#C0F0
_CJB_MstrErrSta	I/O 匯流排主局異常狀態	I/O 匯流排主局異常狀態。 (注)從實時性來看，無法用於使用者程式。僅用於透過通訊從外部查看狀態時。各錯誤狀態位元的含義請參閱本附錄結尾資料。	WORD	16#0000～16#00F0
_CJB_UnitErrSta	I/O 匯流排模組異常狀態	I/O 匯流排模組異常狀態。 (注)從實時性來看，無法用於使用者程式。僅用於透過通訊從外部查看狀態時。各錯誤狀態位元的含義請參閱本附錄結尾資料。	ARRAY [0..3, 0..9] OF WORD	16#0000～16#80F0
_CJB_InRespTm	基本輸入模組的輸入應答時間	表示基本輸入模組的輸入應答時間	ARRAY [0..3, 0..9] OF UNIT	0～320

■ 功能類別：CJ 模組 記憶體區之特殊輔助繼電器有關

變數名稱	意義	功能	資料類型	數值範圍
_CJB_IOUnitInfo	基本 I/O 模組訊息區域	顯示基本 I/O 模組（帶負載短路保護功能）的警報輸出。 TRUE：有負載短路 FALSE：無負載短路	ARRAY [0..3, 0..9, 0..7] OF BOOL	TRUE 或 FALSE
_CJB_CBU00InitSta to _CJB_CBU15InitSta	CPU 高機能模組初始狀態旗標	CPU 高機能模組為初始化狀態時為 TRUE。 初始化完成時為 FALSE。 各位元與模組編號對應。	BOOL	TRUE 或 FALSE
_CJB_SI000InitSta to _CJB_SI095InitSta	高機能 I/O 模組初始狀態旗標	高機能 I/O 模組為初始化狀態時為 TRUE。 初始化完成時為 FALSE。 各位元與模組編號對應。	BOOL	TRUE 或 FALSE
_CJB_CBU00Restart to _CJB_CBU15Restart	CPU 高機能模組重新啟動旗標	當對應變數處於上升沿時重新啟動 CPU 高機能模組（重啟後隨系統變為 FALSE）。 變數的編號對應模組的單元編號。 執行指令將重新啟動旗標設為 TRUE，則從下一 Task 週期的更新處理程序開始重新啟動 CPU 高機能模組 。	BOOL	TRUE 或 FALSE
_CJB_SI000Restart to _CJB_SI095Restart	高機能 I/O 模組重新啟動旗標	處於上升沿時重新啟動高機能 I/O 模組（重啟後隨系統變為 FALSE）。 各位元對應單元編號。 執行指令時，如果將重新啟動旗標設為 TRUE，則從下一任務週期的更新處理時起開始重新啟動 。	BOOL	TRUE 或 FALSE
_CJB_SCU00P1ChgSta to _CJB_SCU00P2ChgSta	序列通訊模組 0, Port 1/2 用序列通訊埠設定變更旗標	變更對應通訊埠的參數設定和執行序列通訊設定變更（SerialSetup）指令時為 TRUE。 設定變更完成時為 FALSE。 可在執行指令或進行使用者操作時透過將該位元設為 TRUE，通知序列通訊埠設定的變更。	BOOL	TRUE 或 FALSE
_CJB_SCU15P1ChgSta to _CJB_SCU15P2ChgSta	序列通訊模組 1-15, Port 1/2 用序列通訊埠設定變更旗標		BOOL	TRUE 或 FALSE

運動控制機能模組　類別名稱：_MC

■ 功能類別：運動控制功能有關

變數名稱	意義	功能	資料類型	數值範圍
_MC_ErrSta	運動控制功能模組錯誤狀態	顯示在運動控制機能模組中偵測到的錯誤狀態。您可在使用者程式中直接使用此變數。有關錯誤狀態位元意義的詳細資訊，請參閱本附錄末頁。	WORD	16#0000～16#40F0
_MC_ComErrSta	一般錯誤狀態	顯示在運動控制的一般處理中偵測到的錯誤狀態。您可在使用者程式中直接使用此變數。有關錯誤狀態位元意義的詳細資訊，請參閱本附錄末頁。	WORD	16#0000～16#00F0
_MC_AX_ErrSta	軸錯誤狀態	顯示各軸的錯誤狀態。最多顯示 64 個軸的狀態。您可在使用者程式中直接使用此變數。有關錯誤狀態位元意義的詳細資訊，請參閱本附錄末頁。	ARRAY [0..63] OF WORD	16#0000～16#00F0
_MC_GRP_ErrSta	軸組錯誤狀態	顯示各軸組的錯誤狀態。最多可顯示 32 個軸組的錯誤狀態。您可在使用者程式中直接使用此變數。有關錯誤狀態位元意義的詳細資訊，請參閱本附錄末頁。	ARRAY [0..31] OF WORD	16#0000～16#00F0
_MC_COM	一般變數	顯示運動控制機能模組的常見狀態。如需結構成員的詳細資訊，請參閱 *NJ 系列運動控制參考手冊* （目錄編號 W508）。	_sCOMMON_REF	---
_MC_GRP[32]	軸組變數	用來指定軸組並顯示多軸協調控制狀態，以及運動控制指令的多軸協調控制設定。一般而言，您可將軸組變數命名為不同的名稱。當您在 System Studio 上建立一個軸組時，會建立一個使用不同名稱的使用者定義軸組變數。如需結構成員的詳細資訊，請參閱 *NJ 系列運動控制參考手冊* （目錄編號 W508）。	_sGROUP_REF	---
_MC_AX[64]	軸變數	用來指定軸並顯示單軸控制狀態，以及運動控制指令的單軸控制設定。當您在 System Studio 上建立一個軸時，會建立一個使用不同名稱的使用者定義軸變數。一般而言，您可將軸變數命名為不同的名稱。如需結構成員的詳細資訊，請參閱 *NJ 系列運動控制參考手冊* （目錄編號 W508）。	_sAXIS_REF	---

■ 功能類別：EtherCAT 通訊錯誤有關

變數名稱	意義	功能	資料類型	數值範圍
_EC_ErrSta	內建 EtherCAT 錯誤	此系統定義變數提供 EtherCAT 主局機能模組中的整體錯誤狀態。 有關錯誤狀態位元意義的詳細資訊，請參閱本附錄末頁。	WORD	16#0000～16#00F0
_EC_PortErr	通訊連接埠錯誤	此系統定義變數提供 EtherCAT 主局通訊連接埠中的整體錯誤狀態。 有關錯誤狀態位元意義的詳細資訊，請參閱本附錄末頁。	WORD	16#0000～16#00F0
_EC_MstrErr	主局錯誤	此系統定義變數提供由 EtherCAT 主局，偵測到的 EtherCAT 主局錯誤與子局錯誤的整體狀態。 有關錯誤狀態位元意義的詳細資訊，請參閱本附錄末頁。	WORD	16#0000～16#00F0
_EC_SlavErr	子局錯誤	此系統定義變數提供 EtherCAT 子局所有錯誤狀態的整體狀態。 有關錯誤狀態位元意義的詳細資訊，請參閱本附錄末頁。	WORD	16#0000～16#00F0
_EC_SlavErrTbl	子局錯誤表	此系統定義變數提供每個 EtherCAT 子局的錯誤狀態。在實際系統組態中，會提供每個子局的錯誤狀態。此變數陣列會指出發生錯誤的子局。每個 EtherCAT 子局節點位址（1 至 192）的狀態都會提供。 有關錯誤狀態位元意義的詳細資訊，請參閱本附錄末頁。	ARRAY [1..192] OF WORD	16#0000～16#00F0
_EC_MacAdrErr	MAC 位址錯誤	出現無效的 MAC 位址時為 TRUE。	BOOL	TRUE 或 FALSE
_EC_LanHwErr	通訊控制器錯誤	發生通訊控制器硬體錯誤時為 TRUE。	BOOL	TRUE 或 FALSE
_EC_LinkOffErr	連結關閉錯誤	未建立通訊控制器連結時為 TRUE。	BOOL	TRUE 或 FALSE
_EC_NetCfgErr	網路組態資訊錯誤	出現無效的網路組態資訊時為 TRUE。	BOOL	TRUE 或 FALSE
_EC_NetCfgCmpErr	網路組態驗證錯誤	網路組態資訊不符合實際網路組態時為 TRUE。	BOOL	TRUE 或 FALSE

變數名稱	意義	功能	資料類型	數值範圍
_EC_NetTopologyErr	網路組態錯誤	發生網路組態錯誤（連接太多裝置或環狀連線）時為 TRUE。	BOOL	TRUE 或 FALSE
_EC_PDCommErr	處理資料通訊錯誤	如果發生無預期的子局中斷連線或建立連線，或在處理資料通訊期間偵測到子局 WDT 錯誤，將會顯示 TRUE。	BOOL	TRUE 或 FALSE
_EC_PDTimeoutErr	處理資料接收逾時錯誤	如果在接收處理資料時發生逾時，將會顯示 TRUE。	BOOL	TRUE 或 FALSE
_EC_PDSendErr	處理資料傳送錯誤	如果發生處理資料傳送錯誤（無法在處理資料通訊週期內傳送，或傳送抖動超過限制），將會顯示 TRUE。	BOOL	TRUE 或 FALSE
_EC_SlavAdrDupErr	子局節點位址重複錯誤	如果為多個子局設定相同的節點位址，將會顯示 TRUE。	BOOL	TRUE 或 FALSE
_EC_SlavInitErr	子局初始化錯誤	如果發送給子局的初始化命令出現錯誤，將會顯示 TRUE。	BOOL	TRUE 或 FALSE
_EC_SlavAppErr	子局應用程式錯誤	如果子局的應用程式狀態暫存器發生錯誤，將會顯示 TRUE。	BOOL	TRUE 或 FALSE
_EC_MsgErr	EtherCAT訊息錯誤	當訊息傳送至不支援訊息的子局時，或已傳送至子局的訊息出現回應格式錯誤時，將會顯示 TRUE。	BOOL	TRUE 或 FALSE
_EC_SlavEmergErr	偵測到緊急訊息	如果主局偵測到由子局傳送的緊急訊息，將會顯示 TRUE。	BOOL	TRUE 或 FALSE
_EC_CommErrTbl	通訊錯誤子局表	表中會依照子局節點位址的順序列出子局。如果主局偵測到子局錯誤，則對應子局元素為 TRUE。	ARRAY [1..192] OF BOOL	TRUE 或 FALSE

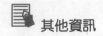 其他資訊

內建 EtherCAT 錯誤旗標的一般關聯性

變數名稱	意義	變數名稱	意義	變數名稱	意義	事件層級
_EC_ErrSta	內建 EtherCAT 錯誤	_EC_PortErr	通訊連接埠錯誤	_EC_MacAdrErr	MAC 位址錯誤	局部錯誤層級
				_EC_LanHwErr	通訊控制器錯誤	
				_EC_LinkOffErr	連結關閉錯誤	輕微錯誤層級
		_EC_MstrErr	主局錯誤	_EC_NetCfgErr	網路組態資訊錯誤	
				_EC_NetCfgCmpErr	網路組態驗證錯誤	
				_EC_NetTopologyErr	網路組態錯誤	
				_EC_PDCommErr	處理資料通訊錯誤	
				_EC_PDTimeoutErr	處理資料接收逾時	
				_EC_PDSendErr	處理資料傳送錯誤	
				_EC_SlavAdrDupErr	子局節點位址重複錯誤	
				_EC_SlavInitErr	子局初始化錯誤	
				_EC_SlavAppErr	子局應用程式錯誤	
				_EC_CommErrTbl	通訊錯誤子局表	
				_EC_MsgErr	EtherCAT 訊息錯誤	觀察
				_EC_SlavEmergErr	偵測到緊急訊息	
		_EC_SlavErr	子局錯誤	_EC_SlavErrTbl	子局錯誤表	由子局定義。

注意 在錯誤原因消除之前,與 EtherCAT 通訊錯誤相關的所有系統定義變數的值不會變更,
接著會以 Sysmac Studio 或 ResetECError 指令的故障排除功能,重設控制器中的錯誤。

■ 功能類別：EtherCAT 通訊狀態有關

變數名稱	意義	功能	資料類型	數值範圍
_EC_RegSlavTbl	已登錄子局表	此資料表指出已在網路組態資訊中登錄的子局。表中會依照子局節點位址的順序，列出子局。如果對應子局已登錄，則子局的元素為 TRUE。	ARRAY [1..192] OF BOOL	TRUE 或 FALSE
_EC_EntrySlavTbl	網路連線子局表	此資料表指出已連上網路的子局。表中會依照子局節點位址的順序，列出子局。如果對應子局已連上網路，則子局的元素為 TRUE。	ARRAY [1..192] OF BOOL	TRUE 或 FALSE
_EC_MBXSlavTbl	訊息通訊啟用子局表	此資料表指出可執行訊息通訊的子局。表中會依照子局節點位址的順序，列出子局。如果有針對子局啟用訊息通訊（前期操作、安全操作或操作狀態），則子局的元素為 TRUE。 (注)請先使用此變數確認相關子局可以使用訊息通訊，再使用 EtherCAT 子局執行訊息通訊。	ARRAY [1..192] OF BOOL	TRUE 或 FALSE
_EC_PDSlavTbl	處理資料通訊子局表	此資料表指出可執行處理資料通訊的子局。表中會依照子局節點位址的順序，列出子局。如果子局輸入和輸出皆有啟用（可操作）對應子局的處理資料，則子局的元素為 TRUE。 (注)請先使用此變數確認相關子局的資料，再控制 EtherCAT 子局。	ARRAY [1..192] OF BOOL	TRUE 或 FALSE
_EC_DisconnSlavTbl	已中斷連線子局表	表中會依照子局節點位址的順序，列出子局。如果對應子局已中斷連線，則子局的元素為 TRUE。	ARRAY [1..192] OF BOOL	TRUE 或 FALSE
_EC_DisableSlavTbl	已停用子局表	表中會依照子局節點位址的順序，列出子局。如果對應子局已停用，則子局的元素為 TRUE。	ARRAY [1..192] OF BOOL	TRUE 或 FALSE
_EC_PDActive	處理資料通訊狀態	當使用所有子局* 執行處理資料通訊時，將會顯示 TRUE。 * 不含已停用的子局。	BOOL	TRUE 或 FALSE
_EC_PktMonStop	封包監控已停止	封包監控停止時為 TRUE。	BOOL	TRUE 或 FALSE
_EC_LinkStatus	連結狀態	如果通訊控制器連結狀態為連結開啟，將會顯示 TRUE。	BOOL	TRUE 或 FALSE
_EC_PktSaving	正在儲存封包資料檔案	顯示是否正在儲存封包資料檔案。TRUE：正在儲存封包資料檔案。 FALSE：目前沒有儲存封包資料檔案。	BOOL	TRUE 或 FALSE
_EC_InDataInvalid	輸入資料已停用	當處理資料通訊不正常及輸入資料無效時，將會顯示 TRUE。	BOOL	TRUE 或 FALSE

注意 有關 EtherCAT 通訊狀態的所有系統定義變數，會提供目前狀態。

異常狀態之各位元含義：

以下之異常狀態之各位元含義皆相同。

- 「_ErrSta」（控制器異常狀態）
- 「_PLC_ErrSta」（PLC 機能模組異常狀態）
- 「_CJB_ErrSta」（I/O 匯流排異常狀態）
- 「_CJB_MstrErrSta」（I/O 匯流排主局異常狀態）
- 「_CJB_UnitErrSta」（I/O 匯流排模組異常狀態）
- 「_MC_ErrSta」（MC 異常狀態）
- 「_MC_ComErrSta」（MC 共通異常狀態）
- 「_MC_AX_ErrSta」（軸異常狀態）
- 「_MC_GRP_ErrSta」（軸組異常狀態）
- 「_EC_ErrSta」（內建 EtherCAT 異常）
- 「_EC_PortErr」（通信埠異常）
- 「_EC_MstrErr」（主局異常）
- 「_EC_SlavErr」（子局異常）
- 「_EC_SlavErrTbl」（子局異常表）
- 「_EIP_ErrSta」（內建 EtherNet/IP 異常）
- 「_EIP_PortErr」（通信埠異常）
- 「_EIP_CipErr」（CIP 通信異常）
- 「_EIP_TcpAppErr」（TCP 應用通信異常）

如下頁。只是、「_ErrSta」（控制器異常狀態）、「_CJB_ErrSta」（I/O 匯流排異常狀態）、「_CJB_MstrErrSta」（I/O 匯流排主局異常狀態）、「_CJB_UnitErrSta」（I/O 匯流排模組異常狀態）屬即時性、及從與各機能模組的異常主要原因所表示狀態的同時性來看、使用者程式無法使用。只能藉由通信從外部參照狀態時使用。

位元 | 15 | 14 | 13 | 12 | 11 | 10 | 9 | 8 | 7 | 6 | 5 | 4 | 3 | 2 | 1 | 0
WORD

位元	內　　容
15	主局檢知：控制器異常的異常狀態的對象下之有關模組 /子局、表示主局是否檢知控制器異常。 TRUE ：主局檢知控制器異常 FALSE：主局不檢知控制器異常 （ _CJB_U_ErrSta/_EC_SlvErrTbl 下有效。）
14	子局收集約定： 表示在比事件發生來源（各機能模組）的更低等級（模組/子局/軸/軸組等）下，控制器異常是否發生。 TRUE ： 在低等級時控制器有異常 FALSE： 在低等級時控制器無異常 （ _CJB_ErrSta/_MC_ErrSta/_EC_ErrSta 下有效。）
13～8	保留
7	表示全停止錯誤（Major fault）階段之控制器異常是否發生。 TRUE ： 全停止錯誤階段之控制器異常發生中 FALSE： 全停止錯誤階段之控制器異常未發生
6	表示部分停止錯誤（Partial fault）階段之控制器異常是否發生。 TRUE ： 部分停止錯誤階段之控制器異常發生中 FALSE： 部分停止錯誤階段之控制器異常未發生
5	表示輕度錯誤（Minor fault）階段之控制器異常是否發生。 TRUE ： 輕度錯誤階段之控制器異常發生中 FALSE： 輕度錯誤階段之控制器異常未發生
4	表示監視情報（Observation）階段之控制器異常是否發生。 TRUE ： 監視情報階段之控制器異常發生中 FALSE： 監視情報階段之控制器異常未發生
3～0	保留

國家圖書館出版品預行編目(CIP)資料

歐姆龍Sysmac NJ運動控制應用 : 符合EtherCAT通
訊架構 / 臺灣歐姆龍股份有限公司自動化學院編輯小
組作. -- 初版. -- 臺北市 : 臺灣歐姆龍, 2014.12

　　面 ;　　公分

ISBN 978-986-90398-1-9(平裝附數位影音光碟)

1.自動控制

448.9　　　　　　　　　　　　　103025354

歐姆龍 Sysmac NJ 運動控制應用

－符合 EtherCAT 通訊架構

作　者　　台灣歐姆龍股份有限公司自動化學院編輯小組

出版者　　台灣歐姆龍股份有限公司

　　　　　105 台北市復興北路 363 號 6 樓　　　電話：(02)2715-3331

印刷者　　一江印刷事業有限公司

出　版　　2014 年 12 月 初版一刷

定　價　　新台幣 380 元

經　銷　　全華圖書股份有限公司　(02)2262-5666

郵政帳號　0100836-1 號

全華圖書　www.chwa.com.tw

全華網路書店 Open Tech / www.opentech.com.tw

OMRON 台灣歐姆龍股份有限公司

網　址：http://www.omron.com.tw

免費技術客服專線：008-0186-3102

台北總公司

地址：台北市復興北路 363 號 6 樓

電話：(02)2715-3331

新竹事業所

地址：新竹縣竹北市自強南路 8 號 6 樓之 5

電話：(03)667-5557

台中事業所

地址：台中市台灣大道二段 633 號 11 樓之 7

電話：(04)2325-0834

台南事業所

地址：台南市民生路二段 307 號 22 樓之 1

電話：(06)226-2208